Selbstständig arbeiten

als Geistes- und Sozialwissenschaftler

Geschäftsideen,

Markt und Kunden,

Businessplan,

Existenzgründung,

Finanzen

und Recht

claudia ziehm

w. bertelsmann. beruf

Bibliografische Information Der Deutschen Bibliothek

Die Deutsche Bibliothek verzeichnet diese Publikation in der Deutschen Nationalbibliografie; detaillierte bibliografische Daten sind im Internet über <http://dnb.ddb.de> abrufbar.

Verlag:
W. Bertelsmann Verlag
GmbH & Co. KG
Postfach 10 06 33
33506 Bielefeld

Gesamtherstellung:
W. Bertelsmann Verlag, Bielefeld

Manuskript:
Claudia Ziehm

Gestaltung:
lok.design division,
Marion Schnepf, Bielefeld

ISBN 3-7639-3140-6
Bestell-Nr. 60.01.461

Die Autorin und der Verlag haben sich bemüht, die in dieser Veröffentlichung enthaltenen Angaben mit größter Sorgfalt zusammenzustellen. Sie können jedoch nicht ausschließen, dass die eine oder andere Information auf irrtümlichen Angaben beruht oder bei Drucklegung bereits Änderungen eingetreten sind. Aus diesem Grund kann keine Gewähr und Haftung für die Richtigkeit und Vollständigkeit der Angaben übernommen werden.

Vorwort: Gestalten Sie Ihre Zukunft selbst!

Sie möchten Ihren eigenen Weg gehen und überlegen, wie Sie selbstständig arbeiten können? Die Chancen für Ihren Erfolg stehen gut: In Deutschland hat sich eine neue Gründerkultur entwickelt. Alte Arbeitsstrukturen verändern sich, freiberufliche und selbst gestaltete Karrieren werden zunehmen. Und die meisten Selbstständigen sind mit ihrem Berufsweg zufrieden. Wagen Sie also diesen Schritt! Als Geistes- oder Sozialwissenschaftler bringen Sie wichtige Qualifikationen für die Existenzgründung mit: zum Beispiel Kreativität, Motivation und interdisziplinäre Kenntnisse.

Allerdings werden Sie auch viele neue Herausforderungen meistern müssen. Als Selbstständiger sollen Sie nicht nur Ihre fachliche Arbeit gut machen, sondern auch Behördengänge, Finanzen und Versicherungen regeln, Kunden gewinnen, sich selbst organisieren und vielleicht sogar Mitarbeiter einstellen. Eine abwechslungsreiche Aufgabe: Sie haben viel mehr Gestaltungsfreiheit als ein Angestellter. Aber Sie brauchen auch viel mehr Informationen, Beratung und betriebswirtschaftliches Wissen. Das alles ist jedoch zu schaffen! Latein oder Statistik sind allemal schwieriger als die Grundregeln der Besteuerung. Und für Freiberufler, eine typische Arbeitsform von Geistes- und Sozialwissenschaftlern, ist vieles einfacher als für Gewerbetreibende oder Großunternehmer.

Spannende Aufgaben für Selbstständige

Dieses Buch will Ihnen helfen, sicher in die Selbstständigkeit zu starten. Sich Ziele zu setzen, die Sie motivieren, die aber auch realisierbar sind. Beratungsstellen und Infoquellen richtig zu nutzen. Ihre Geschäftsidee zu entwickeln und zur Marktreife zu bringen. Einen Businessplan aufzustellen, der Geldgeber überzeugt. Kunden zu werben und die richtigen Partner zu finden. Und es will auch ein Leitfaden sein durch den Dschungel an Vorschriften, damit Sie lernen, sie zu Ihrem Nutzen anzuwenden. Denn nichts ist schöner, als mit einer richtig ausgefüllten Steuererklärung Geld zurückzubekommen und eine kleine Pause einlegen zu können. Schließlich leben wir nicht, um zu arbeiten – wir arbeiten, um zu leben. Und als Selbstständiger können Sie mit etwas Geschick beides ideal verbinden.

Chancen nutzen, Ziele erreichen

Claudia Ziehm, August 2003

1. Lebensunternehmer:
Viele Wege führen zum Ziel

Eine „neue Gründerkultur" beobachtet die Süddeutsche Zeitung Anfang 2003 in Deutschland – trotz und wegen der vielen Pleiten des New-Economy-Booms. Zahlreiche Lehrstühle für Unternehmensgründung sind entstanden, Businessplan-Wettbewerbe laden schon Schüler zur Teilnahme ein, Gründernetzwerke und Regierungsinitiativen sollen neue Geschäftsideen fördern. Hängten im Jahr 2000 gut bezahlte Angestellte ihren Job an den Nagel, um mit einem Start-up an die Börse zu gehen, sind die Ziele heute allerdings pragmatischer geworden. Viele Arbeitslose sehen die Selbstständigkeit als Möglichkeit, ihren Lebensunterhalt selbst zu bestreiten, auch als Ein-Personen-Unternehmen ohne großen finanziellen Spielraum – die berühmte „Ich AG".

Trend zu flexibler Arbeit

Arbeitswissenschaftler erkennen einen Trend weg von großen, starr organisierten Unternehmen mit festen Anstellungsverhältnissen hin zu Netzwerken aus Zulieferern und Freiberuflern, die Aufträge übernehmen und sich für größere Projekte bedarfsgerecht zusammenschließen. Kleine, flexible Einheiten können schneller auf die ständigen Veränderungen des Marktes reagieren als große. Outsourcing ersetzt Arbeitsplätze, bringt aber auch neue Chancen für Selbstständige.

Eigenverantwortung gefragt!

Die Selbstständigkeit dürfte also in Zukunft für immer mehr Erwerbstätige eine Option werden – zumindest als Bestandteil einer Patchwork-Karriere, in der sich Phasen der Selbstständigkeit, der Anstellung und der Familienarbeit miteinander abwechseln. Schon lange kann kein Arbeitnehmer mehr mit einer geradlinigen Karriere in festen Strukturen rechnen: Viele Unternehmen, aber auch Behörden lösen alte Hierarchien auf; Teamarbeit, Flexibilität und Eigeninitiative werden auch von Angestellten und Beamten immer mehr erwartet. Wie Selbstständige müssen sie neue Aufgaben erkennen, eigenständig Informationen einholen, ihre Weiterbildung und Entwicklung selbst planen. Und viele entdecken dabei vielleicht, dass ihnen diese Arbeitsweise sogar besser in den Lebensplan passt als die Abhängigkeit vom Arbeitgeber.

Existenzgründer, Unternehmer, Freiberufler:
Ein paar Begriffsklärungen

Rund 4,1 Millionen Selbstständige gab es im ersten Quartal
2003 in Deutschland, einschließlich mithelfender Familienan-
gehöriger. Doch die Zahlen schwanken, je nachdem, wie Selbstständigkeit definiert wird. Ein Unternehmer mit fünf Fabriken im
In- und Ausland ist sicher selbstständig. Eine Ärztin mit eigener
Praxis ist es ebenfalls. Aber auch ein Journalist, der als Freier
für verschiedene Zeitungen arbeitet, ist selbstständig – und
eine Studentin, die nebenbei als Honorarkraft Nachhilfe gibt, ist
es zumindest im „Nebenjob" auch.

*Wer ist eigentlich
selbstständig?*

  Die Frage „Wie kann ich mich selbstständig machen?" lässt
sich also gar nicht pauschal beantworten. Sehr viele Geistes-
und Sozialwissenschaftler sind als Freiberufler tätig und genießen dabei einige Privilegien. Denn verschiedene Gruppen von
Selbstständigen werden unterschiedlich behandelt – Gewerbesteuer oder nicht, Künstlersozialversicherung ja oder nein,
Mehrwertsteuer sieben oder 16 Prozent.

*Arbeitsformen
und ihre Folgen*

  Was Sie selbst machen und wie Sie arbeiten, hängt ganz davon ab, was Sie wollen, was Sie können und wie Sie leben möchten. Vielleicht sind Sie sogar schon selbstständig, ohne es recht
bemerkt zu haben? Es lohnt, sich die verschiedenen Formen der
Selbstständigkeit einmal genauer anzusehen:

Selbstständige

Allen gemeinsam: Arbeit auf eigene Rechnung

„Selbstständige sind Personen, die einen Betrieb oder eine Arbeitsstätte als Eigentümer, Miteigentümer, Pächter oder selbstständiger Handwerker leiten sowie selbstständige Handelsvertreter usw., also auch freiberuflich Tätige, nicht jedoch Personen, die in einem arbeitsrechtlichen Verhältnis stehen und lediglich innerhalb ihres Arbeitsbereiches selbstständig disponieren können (zum Beispiel die selbstständigen Filialleiter)." So lautet eine Definition des Statistischen Bundesamtes. Steuerrechtlich klingt die Einteilung noch einfacher: Als selbstständig gilt, wer in eigener Verantwortung und auf eigene Rechnung arbeitet. Unselbstständig ist, wer auf Rechnung eines Arbeitgebers tätig ist.

„Selbstständig" ist also der Oberbegriff für viele Formen freier Arbeit. Sie können dabei reich werden oder am Existenzminimum leben, viele oder gar keine Angestellten haben, einen Imbiss betreiben oder Bestseller schreiben.

Existenzgründer

Starten – ganz nach Gusto

Existenzgründer sind alle, die sich als Selbstständige ihre eigene „Existenz aufbauen", das heißt ihren Lebensunterhalt künftig selbst verdienen wollen. Und dazu zählen nicht nur Menschen, die einen Laden eröffnen oder als Meister einen Handwerksbetrieb übernehmen. Existenzgründer ist auch ein Volontär, der nicht übernommen wird und als freier Journalist loslegt, oder eine Doktorandin, die nebenbei ihr erstes Seminar für eine Unternehmensberatung hält und plant, später davon zu leben.

 Für Existenzgründer gibt es viele Förderangebote. Mehr über Beratungsstellen lesen Sie ab Seite 37, zum Businessplan ab Seite 63 und zu finanzieller Unterstützung ab Seite 75.

Unternehmer

Langsam werden die Definitionen immer schwammiger – und immer emotionaler. Rockefeller, die Aldi-Brüder oder Bill Gates werden oft als typische Unternehmer genannt – (meistens) Männer, die durch Findigkeit, Talent und harte Arbeit reich geworden sind. Der Ökonom Schumpeter sah den „Pionierunternehmer" als Schöpfer und Zerstörer, Max Weber hielt ihn für einen Asketen und Kalkulierer, Werner Sombart für einen wagemutigen Abenteurer.

Ob ein Unternehmer nun selbst einen Betrieb gründet, ob er ihn aufgekauft hat oder „nur" als angestellter Manager führt: Unternehmergeist und die Verdienste von Unternehmen für die Wirtschaft werden oft geradezu glorifiziert. Die meisten Unternehmen in Deutschland sind allerdings kleine und mittlere Betriebe. Meist sind gewerbliche Unternehmen gemeint (siehe nächster Punkt). Unternehmerisch denken müssen aber auch selbstständige Berater, Dozenten, Journalisten oder Händler, die Tag für Tag neue Entscheidungen fällen und ihr eigenes Geld verdienen müssen.

Unternehmer:
Mythos und Realität

Gewerbetreibende

Gewerblich sind zum Beispiel Betriebe in Handwerk, Industrie und Handel, Vermittler wie Makler oder Handelsvertreter sowie Gaststätten. Hinzu kommen Kapitalgesellschaften wie die Aktiengesellschaft (AG) und die Gesellschaft mit beschränkter Haftung (GmbH), egal, welche Geschäftsfelder sie abdecken. Wer ein Gewerbe betreiben will, hat einigen Aufwand vor sich: Er braucht einen Gewerbeschein, muss meist Mitglied einer Handels-, Handwerks- oder Industriekammer werden, Beiträge zu einer Berufsgenossenschaft zahlen und der Gewerbeaufsicht gegenüber Rechenschaft ablegen. Er gilt als Kaufmann und unterliegt den Regeln des Handelsgesetzbuchs. Die gute Nachricht: Das alles können Sie vermeiden, wenn Sie als Freiberufler tätig sind – eine typische Arbeitsform für Geistes- und Sozialwissenschaftler.

Viel Aufwand für
Gewerbetreibende

Freiberufler

Freie Berufe sind laut Einkommensteuergesetz alle selbstständig ausgeübten wissenschaftlichen, künstlerischen, schriftstellerischen, unterrichtenden oder erzieherischen Tätigkeiten – Ärzte und Anwälte, Buchprüfer und Steuerberater, Ingenieure und Architekten, aber auch Dolmetscher, Journalisten, Künstler, Lehrer und Diplom-Psychologen. Ihr gemeinsames Kennzeichen: „Angehörige freier Berufe erbringen auf Grund besonderer beruflicher Qualifikation persönlich, eigenverantwortlich und fachlich unabhängig geistig-ideelle Leistungen im Interesse ihrer Auftraggeber und der Allgemeinheit."

Interessant für Akademiker:
Die Arbeit als Freiberufler

Immer mehr Freiberufler unter den Selbstständigen

Die Binnenstruktur der Selbstständigkeit ... hat sich ... deutlich gewandelt. Während die absolute Zahl der Selbstständigen rückläufig war, stieg die Zahl der Freiberufler ständig an. So gab es 1970 rund 250.000 Personen dieses Berufsstandes in der Bundesrepublik. Bis 1997 hatte sich der Bestand in den alten Ländern auf gut 500.000 verdoppelt. Der Anteil der Freiberufler an den Selbstständigen insgesamt hat sich dementsprechend von 9,5 % (1970) kontinuierlich auf 16,8 % im Jahre 1989 erhöht. Durch den steigenden Zuwachs an selbstständigen Unternehmern seit Anfang der 90er im Zuge der neu entstandenen „Gründerwelle" hat sich der Anteil der Freiberufler an den Selbstständigen insgesamt weitgehend stabilisiert (1997 in den alten Ländern 17 %).

Quelle: Rolf Holtkamp/Jens Imsande, Selbständigkeit von Hochschulabsolventen. Entwicklungen, Situation und Potential. HIS-Kurzinformation A2/2001.

Für diese „ideellen Leistungen" sind Freiberufler privilegiert: Sie müssen kein Gewerbe anmelden, keine Gewerbesteuer abführen (siehe aber Seite 164) und keine doppelte Buchführung machen, sondern nur eine Einnahmen-Ausgaben-Rechnung.

Probleme bei der Abgrenzung

Aber Vorsicht: Ein Fotograf kann zum Beispiel Künstler sein oder Handwerker, Freiberufler oder Gewerbetreibender, je nach seinem Arbeitsschwerpunkt. Die Einzelheiten regelt jedes Bundesland anders. Schwierig wird es auch, wenn Sie gleichzeitig gewerblich und freiberuflich arbeiten: Wenn diese Tätigkeiten miteinander zusammenhängen, kann Ihre ganze Arbeit als gewerblich eingestuft werden, mit allen Komplikationen, die sich daraus ergeben. In Zweifelsfällen sprechen Sie am besten mit Ihrer zuständigen Kammer (zum Beispiel der örtlichen Industrie- und Handelskammer), einem Steuerberater oder anderen Experten, um nachträglichen Ärger zu vermeiden.

Mehr erfahren Sie beim Institut für Freie Berufe unter ☞ www.ifb.uni-erlangen.de (Erläuterungen als PDF unter „Publikationen") oder in der Broschüre „Freier Beruf oder Gewerbe?", für 13 Euro zu bestellen beim Institut für Freie Berufe, Marienstraße 2, 90402 Nürnberg, Telefon 0911 23565-12, Telefax 0911 23565-50, sigrid.albrecht@ifb.uni-erlangen.de.

Mit Freelancern sind meist ebenfalls Freiberufler gemeint, vor allem in der IT-Branche, in Medien und Werbung. Auch freie Mitarbeiter und Honorarkräfte sind meist Freiberufler. Im Medienbereich gibt es außerdem das Konstrukt der „festen Freien" oder Pauschalisten: Sie haben einen Rahmenvertrag mit einer festen Grundauslastung und -bezahlung, im Rundfunk übernimmt der Auftraggeber oft sogar Teile der Sozialversicherung. Der Übergang zu einer angestellten Tätigkeit ist damit fließend

– viele Freie sind streng genommen „Scheinselbstständige" und könnten sich eine feste Anstellung erklagen. Eine Untergruppe der Freiberufler sind die Künstler, deren Produkte eine „eigenschöpferische" Leistung mit gewissem künstlerischem Niveau aufweisen. Neben Malern, Fotografen, Musikern oder Schauspielern zählen dazu meist auch Publizisten (wie Buchautoren, Journalisten oder Übersetzer). Künstler verdienen bekanntermaßen eher schlecht – aber wenigstens gegenüber den Behörden ist dieser Status von Vorteil. Sie bekommen über die Künstlersozialversicherung einen Zuschuss zur Kranken-, Pflege- und Rentenversicherung, müssen also nicht wie andere Selbstständige für ihre Absicherung allein aufkommen.

Künstler und Publizisten

Mehr zur Künstlersozialversicherung lesen Sie ab Seite 81.

Selbstständig, angestellt, Student: keine Entweder-oder-Lösung

Es wird schon deutlich: Der Weg zum Selbstständigen ist so vielfältig wie die Geschäftsideen. Wenige kommen aus dem Nichts, brüten drei Tage mit Freunden in der Garage und gründen dann ein Unternehmen, das nach zwei Wochen Gewinn abwirft. Der „Sprung" in die Selbstständigkeit besteht oft aus vielen kleinen Schritten. Es ist ganz normal, wenn Sie dafür eine längere Vorlaufzeit brauchen, während der Sie noch studieren, in Teilzeit oder in Vollzeit arbeiten. So können Sie Schritt für Schritt Qualifikationen sammeln und Ihre Selbstständigkeit aufbauen, ohne dabei auf einen gesicherten Lebensunterhalt zu verzichten.

Existenzgründung Schritt für Schritt

Viele „Existenzgründungen" im Nebenerwerb
Untersuchungen des Hochschul-Informations-Systems aus den Neunzigerjahren zeigten, dass von allen Absolventen, die in den fünf Jahren nach dem Studium schon einmal selbstständig tätig waren, fast ein Viertel nebenbei andere Tätigkeiten ausübte. Besonders häufig war dies bei Frauen der Fall sowie bei Psychologen und Magistern, und zwar je häufiger, je kürzer das Studium zurücklag.

In der gesamten Bevölkerung ist der Anteil der Nebenerwerbsgründungen sogar noch höher. Nach Angaben der bundeseigenen Deutschen Ausgleichsbank (DtA) haben im Jahr 2002 mehr als 1,6 Millionen Menschen eine selbstständige Tätigkeit aufgenommen. Diese stolze Zahl ergibt sich allerdings nur, da die DtA-Statistik auch diejenigen berücksichtigt, die eine selbstständige Tätigkeit neben einem festen Job aufnehmen und/oder nicht offiziell als Selbstständige gemeldet sind.

Datengrundlage für diese Schätzung ist der DtA-Gründungsmonitor, für den zwischen April und Juli 2002 mehr als 40.000 Menschen im Bundesgebiet nach ihrem beruflichen Status befragt wurden.

57 Prozent der Gründungen – davon rund die Hälfte im Dienstleistungsbereich – erfolgen im Nebenerwerb.

Quellen: Rolf Holtkamp/Jens Imsande, Selbständigkeit von Hochschulabsolventen. Entwicklungen, Situation und Potential.
HIS-Kurzinformation A2/2001; Mediafon-Newsletter vom 19.03.2003

Selbstständigkeit neben dem Studium

Neben dem Studium Ideen ausprobieren

Selbstständigkeit schon neben dem Studium hat für Sie viele Vorteile: Sie sind unabhängig, Ihre Kosten für den Lebensunterhalt sind übersichtlich, Sie müssen noch nicht unbedingt fürs Alter sparen. So können Sie relativ unverbindlich ausprobieren, ob für Ihre Idee Nachfrage besteht, und Konzepte ausarbeiten. Wahrscheinlich begeistern Sie sich für Ihren Plan und bringen aktuelle Fachkenntnisse mit, die Sie vermarkten möchten. Über Ihre Hochschule kommen Sie vielleicht auch günstig an Beratung, Informationen und andere Hilfen heran und können sich Partner suchen, die Ihr Gründungsvorhaben unterstützen. Und falls Sie scheitern, haben Sie vielleicht ein Semester verloren, aber keinen großen Knick im Lebenslauf.

 Dagmar Giersberg testete während der Promotion aus, ob sie als freie Publizistin würde leben können. Mehr über ihre Erfahrungen lesen Sie ab Seite 137.

Allerdings werden Sie ohne Berufserfahrung auch auf Schwierigkeiten stoßen: Sie kennen sich in der Wirtschaft noch nicht aus, haben wenig Referenzen vorzuweisen, Ihr Netzwerk aus Kunden und Partnern ist noch nicht ausgereift. Wahrscheinlich haben Sie auch noch kein finanzielles Polster. Und Geldgeber werden Ihnen eher vertrauen, wenn Sie schon ein paar Jahre Erfahrung mitbringen.

Wichtig: Praxiserfahrung!

Bevor Sie sich ganz auf Ihre selbstständige Tätigkeit verlassen, versuchen Sie auf jeden Fall, möglichst viel Erfahrung zu sammeln, auch durch Praktika, Arbeit als Werkstudent, Minijobs oder Ähnliches. Und wenn Sie sich Ihrer Sache nach Studienabschluss nicht sicher sind, ist es meist besser, erst ein paar Jahre Berufserfahrung als Angestellter zu sammeln (eventuell auch in Teilzeit). Aus der Perspektive eines Beschäftigten lernen Sie vieles über Betriebsabläufe, Projektmanagement oder den Umgang mit Kunden, das Sie als Unternehmer nicht mehr üben können.

Überprüfen Sie auf jeden Fall auch, welchen Einfluss Ihre Arbeit auf den Status als Student hat. Für Studenten darf eine Erwerbstätigkeit (und dazu zählt auch selbstständige Arbeit) in der Regel nur 20 Stunden pro Woche umfassen, Mehrarbeit abends oder am Wochenende ist möglich. Wenn Sie mehr als 7.188 Euro im Jahr einnehmen (einschließlich Bafög), verlieren Ihre Eltern das Recht auf Kindergeld und steuerliche Freibeträge, schon ab 4.330,36 Euro wird Ihnen eventuell das Bafög gekürzt (Zahlen gültig für 2003).

Verdienstgrenzen für Studenten beachten

Informationen zu den Folgen von Studentenjobs gibt es beim Studentenwerk Ihrer Hochschule und unter ⮥ http://www.studentenwerk.de.

Selbstständigkeit neben einem festen Job

Ob Voll- oder Teilzeit: Mit einem Job als Angestellter haben Sie einen gesicherten Verdienst. Wenn es mehr als ein Minijob ist, werden Sie auch über Ihren Arbeitgeber sozialversichert, das heißt: Sie bekommen einen Zuschuss zur Kranken-, Pflege- und Rentenversicherung, die Sie als Selbstständiger oft allein tragen müssten. Der Nachteil: Sie können sich der Selbstständigkeit nicht mit voller Kraft widmen. Wenn plötzlich ein großer Auftrag ins Haus steht, kommen Sie eventuell in Schwierigkeiten. Ein guter Mittelweg wäre ein Job in Teilzeit oder mit flexiblen Arbeitszeiten.

Fester Job und freie Arbeit?

Halbe Beiträge zur Sozialversicherung zahlen auch Selbstständige, wenn sie zum Beispiel Journalisten, Autoren oder literarische Übersetzer sind und über die Künstlersozialkasse versichert werden. Mehr dazu lesen Sie ab Seite 81.

Wenn es im Arbeitsvertrag steht, müssen Sie Ihre selbstständige Nebentätigkeit von Ihrem Arbeitgeber genehmigen lassen. Natürlich dürfen Sie mit Ihrem Unternehmen dem Arbeitgeber keine Konkurrenz machen. Außerdem darf Ihre selbstständige Tätigkeit Ihre angestellte Arbeit nicht beeinträchtigen. Wenn das gesichert ist, haben Sie einen Anspruch darauf, dass Ihr Arbeitgeber Ihnen die Nebentätigkeit erlaubt. Wenn Sie erwarten, irgendwann mit der selbstständigen Tätigkeit mehr Aufträge zu bekommen, sollten Sie außerdem die Kündigungsfrist für Ihre angestellte Tätigkeit relativ kurz halten, damit Sie sich bei Bedarf schnell auf Ihr eigenes Unternehmen konzentrieren können.

Keine Konkurrenz zum Arbeitgeber!

Patrick Broome arbeitete neben seinen Vollzeitstellen als freiberuflicher Yogalehrer. Wie er schließlich seine eigene Yogaschule eröffnete, lesen Sie auf Seite 148.

Minijobs, Steuern und
Versicherungen

Wenn die selbstständige Tätigkeit überwiegt, können Sie sich trotzdem noch mit einem Minijob absichern. Damit können Sie bis zu 400 Euro im Monat dazuverdienen und zahlen Sozialversicherungsbeiträge nur für Ihr Einkommen als Selbstständiger. Seit der Neuregelung des Minijob-Gesetzes im April 2003 ist die Stundenanzahl für diesen Job egal. Sie können also im Prinzip jeden Morgen Werbesendungen austragen und dann in Ihr eigenes Büro gehen. Auch wenn Sie in einem Kalenderjahr höchstens 50 Tage angestellt arbeiten, gilt das als Minijob. Verdienen Sie zwischen 400 und 800 Euro, ist es ein Niedriglohn-Job, die Sozialversicherungsbeiträge steigen dann allmählich an. Ob Ihr Nebenverdienst besteuert wird, hängt vom Arbeitgeber ab: Wenn er eine Pauschalsteuer übernimmt, müssen Sie für den Zusatzverdienst keine Steuern mehr zahlen. Wenn Sie aber auf Lohnsteuerkarte arbeiten, müssen Sie die Einnahmen am Jahresende in Ihrer Steuererklärung angeben und mit dem selbstständigen Einkommen zusammenrechnen.

Einzelheiten erfahren Sie bei der
Bundesknappschaft, Minijob-Zentrale, 45115 Essen
Service-Telefon: 08000 200504 (gebührenfrei), Telefax: 0201 384979797
✎ minijob@minijob-zentrale.de, ✎ http://www.minijob-zentrale.de.

Selbstständigkeit neben der Arbeitslosigkeit

Mit eigenem Einkommen
aus der Arbeitslosigkeit

Für viele ist die Selbstständigkeit auch ein Weg aus der Arbeitslosigkeit. Wer Arbeitslosengeld bezieht, hat eine gewisse Sicherheit und kann anfangen, den Markt zu sondieren, sein Konzept aufzustellen und Kunden anzusprechen, bevor er sich ernsthaft selbstständig macht. Aber Achtung: Auch eine selbstständige Tätigkeit müssen Sie dem Finanzamt melden (und dem Gewerbeamt, wenn es ein Gewerbe ist).

Und: Wer mehr als 15 Stunden pro Woche arbeitet, gilt nicht mehr als arbeitslos und muss dies dem Arbeitsamt mitteilen. Auch bei kürzeren Arbeitszeiten muss jeder Verdienst neben dem Arbeitslosengeld gemeldet werden; ab einem Nettoeinkommen von über 20 Prozent des Arbeitslosengeldes wird dieser Betrag vom Arbeitslosengeld abgezogen (165 Euro sind aber mindestens anrechnungsfrei). Wer aber vor der Arbeitslosigkeit schon mindestens zehn Monate selbstständig dazuverdient hat, kann dies weiterhin in gleicher Höhe tun, ohne sich das Geld anrechnen zu lassen.

Einzelheiten erfahren Sie beim Arbeitsamt persönlich oder unter ✑ http://www.arbeitsamt.de > Leistungs-Informations-Service > Arbeitslosengeld.

Wer durch einzelne Aufträge kurzfristig „zu viel" arbeitet und/oder einnimmt, kann sich auch tage- oder wochenweise aus der Arbeitslosigkeit abmelden (vor Beginn der Nebentätigkeit und persönlich). Bleiben die Aufträge aus, kann man sich wieder anmelden; die Bezugsdauer des Arbeitslosengeldes verlängert sich um solche Unterbrechungszeiträume. In der Zeit der selbstständigen Tätigkeit bekommen Sie kein Geld vom Arbeitsamt und müssen sich selbst kranken- und pflegeversichern.

Fahren Sie Ihre doppelte Strategie allerdings nicht zu lange. *Den Absprung schaffen* Sie können sich weder voll auf die Jobsuche als Arbeitsloser konzentrieren noch Ihren Kunden als Selbstständiger dauernde Verfügbarkeit garantieren. Wenn Sie sich entschließen, sich „richtig" selbstständig zu machen, können Sie stattdessen beim Arbeitsamt Überbrückungsgeld oder einen Existenzgründungszuschuss beantragen. So werden Sie noch sechs Monate bzw. bis zu drei Jahre lang finanziell unterstützt, haben aber volle Freiheit für Ihre selbstständige Tätigkeit.

Mehr zu den Zuschüssen des Arbeitsamtes für Existenzgründer lesen Sie ab Seite 75.

Selbstständigkeit neben Haushalt und Familie

Für manche ist die Selbstständigkeit ein eleganter Weg, Beruf *Kinder und Karriere* und Familie miteinander zu verbinden: Freie Zeiteinteilung oder Arbeit von zu Hause lassen mehr Spielraum für Kinder als die meisten abhängigen Beschäftigungen. Neben der Kinderbetreuung eine Existenz aufzubauen, die womöglich auch noch die Familie ernährt, dürfte aber nur Spezialisten mit gefragten Kenntnissen und gutem Stundensatz gelingen. Besser, einer der Partner sichert den Lebensunterhalt mit einem festen Einkommen. Ihre Kunden werden vermutlich wenig Rücksicht darauf nehmen, dass Ihr Kind krank ist – weniger noch als ein Arbeitgeber.

Barbara Vielhaber macht freiberuflich kommunale Meinungsforschung und erzieht drei Kinder. Wie sie das schafft, lesen Sie ab Seite 144.

Selbstständigkeit als Vollerwerb

Wenn Ihre Geschäfte gut laufen, wenn Sie sich ganz auf Ihre eigenen Ideen konzentrieren wollen und auf keine anderen Verpflichtungen mehr Rücksicht nehmen möchten, ist die Vollzeit-Selbstständigkeit optimal für Sie. Sie können Tag und Nacht durcharbeiten, wenn viele Aufträge anliegen, Sie können zu Besprechungen oder Messen reisen und auch mal ein paar Wochen Pause machen, wenn die Kassen voll sind und die Kunden zufrieden gestellt. Die Chance, gut zu verdienen und effizient zu arbeiten, ist so am größten. Allerdings fehlt auch die Sicherheit, die ein Angestelltenjob bringt. Sie sind völlig auf sich allein gestellt, und falls die Aufträge mal ausbleiben, müssen Sie schnell eine andere Lösung finden. Als Selbstständiger tragen Sie alle Risiken allein – und haben die meiste Freiheit, Ihr Leben nach Ihren Zielen zu gestalten.

2. Selbstständigkeit – das Richtige für Sie?

Wenn Sie sich auf eine Stelle bewerben, müssen Sie gut begründen können, warum Sie dieser Job reizt und welche Qualifikationen Sie dafür mitbringen. Genauso sollte es bei einer Existenzgründung sein: Haben Sie wirklich Lust auf diese Arbeitsweise? Und haben Sie das Zeug zum selbstständigen Arbeiten? Es gibt viele Wege, dies herauszufinden. Bereiten Sie Ihre Entscheidung gründlich vor!

Angestellt oder frei: Was liegt Ihnen mehr?

Über selbstständiges Arbeiten existieren ganz unterschiedliche Meinungen. Für manche ist es der Traum, endlich die eigenen Ideen zu verwirklichen, etwas Neues zu schaffen oder den großen Gewinn zu machen. Für andere ist die Selbstständigkeit eine Notlösung, weil sie keinen Job finden. Wieder andere sind flexibel und springen zwischen selbstständigen und angestellten Tätigkeiten hin und her.

Einkommen

„Als Selbstständiger wird man schnell reich." Wer sieht, dass ein freier Texter beispielsweise 50 Euro die Stunde verlangt, während er selbst als Angestellter vielleicht nur 20 verdient, kommt leicht auf solche Gedanken. Dass der Angestellte damit aber 3.200 Euro im Monat sicher hat, während der Texter immer wieder Durststrecken überwinden muss, wird schnell übersehen.

Hoher Stundensatz ist nicht gleich hohes Einkommen!

Bei Selbstständigen hängt das Einkommen stark von der eigenen Leistung ab – aber auch von der wirtschaftlichen Lage und der Konkurrenz. Theoretisch ist ein sehr hohes Einkommen möglich. Nach einer Studie des Hochschul-Informations-Systems verdienten im Jahr 2000 selbstständige Akademiker 11.000 DM (5.600 Euro) mehr als Angestellte. Allerdings lag dies hauptsächlich an einigen extrem gut Verdienenden – die meisten Selbstständigen verdienten sogar etwas weniger als ihre angestellten Kollegen. (Befragt wurden allerdings nur Akademiker wenige Jahre nach dem Hochschulabschluss.) Gefähr-

Wichtig: Das Finanzpolster

det ist das Einkommen von Selbstständigen auch bei Krankheit und Urlaub, besonders bei Freiberuflern ohne Angestellte. Insgesamt können Selbstständige ihr Einkommen vor allem in den ersten Jahren kaum planen, ein finanzielles Polster ist wichtig.

Selbständige und nicht selbständige Hochschulabsolventen
nach durchschnittlichem Jahreseinkommen (Arithmetisches Mittel)

Fachgruppen	Bruttoeinkommen in DM	
	Selbständige	nicht Selbständige
Fachhochschule		
Architektur/Raumplanung	70.254	63.744
Ingenieurwissenschaften/Informatik	95.126	77.659
Wirtschaftswissenschaft	86.385	85.991
Fachhochschule insgesamt	86.528	73.879
Universität		
Architektur/Raumplanung	71.944	66.435
Ingenieurwissenschaften/Informatik	73.466	81.796
Naturwissenschaften	*69.678*	69.537
Humanmedizin	190.923	84.311
Psychologie	*45.349*	60.331
Rechtswissenschaft	68.836	73.839
Wirtschaftswissenschaften	99.333	90.986
Lehramtsstudiengänge	*k.A.*	55.820
Magisterstudiengänge	32.481	54.472
Universität insgesamt	82.382	72.199
Gesamt	83.442	72.718

Kursiv: Sehr geringe Fallzahl   *HIS-Projekt Selbständigkeit 2000*

Quelle: Rolf Holtkamp/Jens Imsande, Selbständigkeit von Hochschulabsolventen. Entwicklungen, Situation und Potential. HIS-Kurzinformation A2/2001.

Hohe Kosten schmälern den Gewinn

Außerdem müssen Selbstständige ihre Kosten selbst tragen: von Telefon, Computer und Drucker über Auto und Arbeitszimmer bis zu aufwändigem Wareneinkauf, Gewerberäumen oder dem Gehalt von Mitarbeitern. Auch für ihre Weiterbildung müssen sie selbst sorgen, ebenso für Versicherungen. Und wer nicht in die Künstlersozialkasse kann, muss Sozialversicherung und Altersvorsorge komplett allein tragen.

Um ein Nettoeinkommen zu erzielen, das dem eines ähnlich qualifizierten Angestellten entspricht, muss ein Selbstständiger also wesentlich mehr pro Stunde brutto verdienen.

Mehr zur Preiskalkulation für Selbstständige lesen Sie ab Seite 102. (!)

Sicherheit

71 Prozent aller Berufstätigen wünschen sich eine feste Arbeit. Und das ist verständlich: Angestellte wissen meistens, wie viel Geld sie am Monatsende auf dem Konto haben werden. Die Versorgung ist sicher, Anschaffungen lassen sich gut planen, bei Krankheit und Urlaub wird das Gehalt weiter gezahlt. Allerdings: Auch mit einem festen Job sind Sie nie völlig abgesichert. Eine betriebsbedingte Kündigung ist in einer Wirtschaftsflaute schnell ausgesprochen, oft beträgt die Kündigungsfrist nur einen Monat. Immerhin bekommen Sie Arbeitslosengeld, wenn Sie in den letzten drei Jahren zwölf Monate Sozialversicherungsbeiträge entrichtet haben.

Selbstständige haben diese Sicherheiten nicht. Doch in mancher Hinsicht sind sie sogar besser abgesichert: Sie können eigentlich gar nicht arbeitslos werden! Selbstständige arbeiten per definitionem für mehrere Kunden. Fällt einer weg, sind noch andere da, und neue Kunden findet man leichter als eine neue Arbeitsstelle. Falls allerdings gar nichts mehr geht, sitzen Selbstständige wirklich auf dem Trockenen: Da sie keine Beiträge zur Arbeitslosenversicherung zahlen, bekommen sie meist auch keine Unterstützung, wenn das Einkommen wegfällt. Nur wer noch einen Anspruch aus Angestelltentagen hat, kann sich zur Not arbeitslos melden. Vor allem aber müssen Selbstständige sich ein finanzielles Polster ansparen, um Durststrecken zu überbrücken. Und sie müssen selbst dafür sorgen, dass ihr Geschäft gut läuft und die Kunden immer wieder zu ihnen kommen.

Flexibilität ersetzt Sicherheit

Fest angestellt und mit geregeltem Feierabend
Was Arbeitnehmer wirklich wollen, sind geregelte Verhältnisse, also Festanstellungen und keine Zeit- oder freien Mitarbeiterverträge. Fast drei Viertel (71 %) aller Berufstätigen geben unumwunden zu: Auch im 21. Jahrhundert wollen sie „arbeiten wie ihre Eltern – fest angestellt und mit geregeltem Feierabend". Natürlich ist dies auch eine Generationenfrage. Mit zunehmendem Alter lässt die Lust an ungeregelten Arbeitszeiten und -verträgen verständlicherweise nach. Nach geregeltem Feierabend rufen am lautesten die 40- bis 49-Jährigen (75 %). Aber auch die jungen Leute im Alter von 18 bis 34 Jahren wollen lieber konventionell wie die Eltern arbeiten (63 %) und können sich auch im 21. Jahrhundert für Flexibilität und Mobilität im Berufsleben (33 %) deutlich weniger begeistern.

Quelle: B.A.T. Freizeit-Forschungsinstitut, Freizeit aktuell, Ausgabe 172 vom 31.03.2003

Arbeitszeit

Viel Freiheit – in der Theorie

„Ich kann mir meine Zeit frei einteilen." Viele Selbstständige geben das als größten Vorteil ihrer Arbeit an. Klar: Als Schriftsteller können Sie zum Beispiel nachts arbeiten, wenn Sie eine Schaffensphase haben, und tagsüber im Café sitzen. Doch sobald Sie mit Kunden umgehen müssen, sind diese Freiheiten schon wieder vorbei – Unternehmen erreichen Sie nur zu büroüblichen Zeiten, Privatleute dagegen wollen vielleicht abends oder am Wochenende bedient werden, wenn Ihre Familie mit Ihnen die Freizeit genießen wollte. Und wer als Selbstständiger nicht viel verdient, wird zehn oder zwölf Stunden am Tag arbeiten – und die Freiräume schrumpfen endgültig zusammen. Realistisch gesehen wird es eher so sein, dass Sie das Gefühl genießen, jederzeit ohne Urlaubsantrag weg zu können – aber diese Möglichkeit nur selten in die Tat umsetzen.

Interessante Tätigkeit und Selbstbestimmung

Selbstständige sind zufriedener

Selbstständige Akademiker sind mit dem Inhalt ihrer Arbeit wesentlich zufriedener als angestellte. Das ergab jedenfalls eine Umfrage des Hochschul-Informations-Systems. Die Selbstständigen fanden, dass ihre Qualifikationen aus dem Studium mehr gefordert seien.

Dennoch: Auch als Selbstständiger können Sie nicht tun und lassen, was Sie wollen. Denn auf die Wünsche der Kunden kommt es an. Und wenn Ihnen 50 Bände altägyptischer Märchen im Regal stehen bleiben, werden Sie doch irgendwann Dieter Bohlens „Nichts als die Wahrheit" ins Sortiment nehmen, um Ihr Auskommen als Buchhändler zu sichern.

Abwechslungsreiche Aufgaben

Neben fachlichen Aufgaben müssen viele Selbstständige sich auch um Organisation, Marketing, Buchführung und sogar das Aufräumen selbst kümmern. Das macht ihre Arbeit abwechslungsreicher, kann aber auch ins Gegenteil umschlagen: Wer 30 Stunden pro Woche der Buchführung opfern muss, wünscht sich vielleicht in einen Angestelltenjob zurück, wo das eine andere Abteilung für ihn erledigte und er sich ganz seinen fachlichen Aufgaben widmen konnte.

Sinnvolle Arbeit wichtiger als Status

Eine Umfrage des Hochschul-Informations-Systems ergab, dass Hochschulabsolventen besonders viel Wert auf selbstbestimmtes Arbeiten legen. Ein Auszug aus den Ergebnissen für Geistes- und Sozialwissenschaftler:

Sprach-/Kulturwissenschaften/Sport

Für Sprach- und Kulturwissenschaftler ist das Erreichen persönlicher Autonomie von höchster Bedeutung. Auch Unabhängigkeit und Selbstständigkeit genießen Priorität. Auf Erfolg können sie dafür leichter verzichten. Allerdings streben sie an, „aus ihrem Leben etwas zu machen". Das wird von ihnen in erster Linie nicht ökonomisch verstanden, sondern mehr im Sinne von Persönlichkeitsentwicklung und Gewinn intellektueller Kompetenzen. Dabei ist in ihrer persönlichen Zukunftswelt weniger Platz für Familie und Kinder; ihnen schwebt eine „Single-Existenz" vor. Sie sehen sich dafür häufiger im gesellschaftlichen Engagement.

Kunst/Kunstwissenschaften

Die künftigen Künstler und Kunstwissenschaftler bestimmen ihre ganze Zukunft aus Sicht des von ihnen angestrebten kreativen Wirkens. Sie wollen in ihrer Tätigkeit erfolgreich, unabhängig und selbstständig sein. Alle anderen Lebensaspekte scheinen sie dem unterzuordnen. Auf einen hohen Verdienst oder Status kommt es ihnen dabei nicht an. Auch familiären und sozialen Orientierungen messen sie eine geringere Bedeutung zu. Vor allem auch bei den jungen Frauen ist dies auffällig. Sie scheinen damit einem Bild des Künstlers zu folgen, der ganz auf sich gestellt nur für seine Kunst lebt.

Lehramtsstudiengänge

Studienanfänger in Lehramtsstudiengängen sind sehr stark familienorientiert. Nichts ist ihnen neben der Bewahrung ihrer persönlichen Autonomie so wichtig wie eine lebenslange, vertrauensvolle Partnerschaft. Auch eine Familie mit Kindern hat einen sehr hohen Stellenrang. Daneben haben sie in hohem Maße soziale Motive ausgeprägt. Helfen, vor allem auch sozial Schwachen, ist ein wichtiges Element ihrer Zukunftsvorstellung und vereinbart sich offensichtlich gut mit ihrer künftigen Tätigkeit als Lehrer. Erfolgskriterien wie Verdienst und Status spielen in diesem Zusammenhang nur eine geringe Rolle.

Wirtschafts-/Sozialwissenschaften

Vor allem bei den Wirtschafts- und weniger bei den Sozialwissenschaftlern sind die Autonomiebestrebungen mit dem festen Willen verbunden, erfolgreich zu sein, Karriere und Aufstieg zu schaffen. Dies ist der zentrale Aspekt ihrer Zukunftsorientierung. Soziales Engagement rückt demgegenüber stärker an den Rand. Partnerschaft und Familie werden aber trotz eines starken Anspruchs auf Führungspositionen nicht ausgeschlossen.

Quelle: Ulrich Heublein/Dieter Sommer, Lebensorientierungen und Studienmotivation von Studienanfängern. HIS-Kurzinformation A5/2000.

Soziale Kontakte

Kein Chef, keine Kollegen

Mit wem Sie zusammenarbeiten werden oder welche Kunden Sie bedienen, hängt natürlich von Ihrer Tätigkeit ab. Doch Angestellte haben meist Kollegen und Chefs, mit denen sie sich austauschen, die ihnen Feedback geben und von denen sie lernen können. Andererseits müssen sie mit ihnen auch an schlechten Tagen auskommen, ein schlechtes Betriebsklima können sie kaum abfedern.

Partner selber suchen

Selbstständige, die allein arbeiten, müssen alles selbst entscheiden, sich ebenbürtige Gesprächspartner erst suchen und werden vor allem anfangs auch weniger Zeit für Familie und Freunde haben. Allerdings haben sie auch kein Mobbing zu befürchten, müssen keine langweiligen Meetings absitzen und sich keinem Chef unterordnen. Wer mit Partnern zusammengeht oder Mitarbeiter einstellt, kann die Zusammensetzung seines Teams viel stärker beeinflussen als ein Angestellter. Dann allerdings ist viel soziale Kompetenz gefragt, um alle Beteiligten richtig zu organisieren und ein gutes Betriebsklima zu schaffen.

Ein Unternehmen führen: Haben Sie das Zeug dazu?

Wenn Sie entschieden haben, dass Ihnen eine selbstständige Tätigkeit Spaß machen könnte, sind Sie schon einen großen Schritt weiter. Doch um als Selbstständiger zu überleben, sollten Sie auch die nötigen Fähigkeiten mitbringen – egal, ob Sie mit einem Weltkonzern reich werden oder „nur" Ihren eigenen Lebensunterhalt sichern möchten.

Natürlich müssen Sie nicht alles von Anfang an und gleich gut können. Vieles kann man lernen – in Kursen, durch Coaching, durch Vorbilder oder einfach durch Erfahrung. Sie können sich auch Partner oder Mitarbeiter suchen, die Ihre Fähigkeiten gut ergänzen. Aber denken Sie darüber nach und probieren Sie aus, wie sehr Ihnen die Selbstständigkeit liegen würde. „Unternehmergeist" heißt das Zauberwort, das sich in Wirklichkeit aus vielen scheinbar gegensätzlichen Eigenschaften zusammensetzt.

Unternehmergeist: Vieles ist lernbar

Fachwissen und kaufmännisches Denken

Ihr Fachwissen ist zunächst wahrscheinlich Ihr wichtigstes Kapital: Ohne exzellente Sprachkenntnisse könnten Sie kein Übersetzerbüro betreiben, ohne Geschichtswissen kaum Studienreisen leiten. Mit Ihrem Studium sind Sie wahrscheinlich Experte auf einem Gebiet. Allerdings nur in der Theorie: Jetzt geht es darum, wie Sie das Wissen in die Praxis umsetzen können. Ein Psychologiestudium unterscheidet sich schließlich gewaltig von einer Beratertätigkeit, und auch Ihre kunsthistorischen Kenntnisse werden Sie als Museumsführer an die Interessen der Besuchergruppe anpassen müssen.

Experten gefragt!

Versuchen Sie daher, möglichst früh in Praktika oder Jobs Erfahrung zu sammeln, lernen Sie Ihren Markt und seine Akteure kennen. So entwickeln Sie ein Gespür dafür, wie Sie Ihr Theoriewissen in eine praxistaugliche Geschäftsidee umsetzen können.

Und: Viele Unternehmen scheitern, weil die Gründer sich nur auf ihr Fachgebiet konzentrieren, statt Vertrieb, Finanzen oder Mitarbeiterführung zu organisieren. Eignen Sie sich also auch rechtzeitig betriebswirtschaftliches Know-how an. Gerade Freiberufler haben oft keinen Überblick, ob eigentlich ihre Einnahmen die Kosten decken. Lernen Sie, die Zahlen mit Leben zu erfüllen – dann wissen Sie auch, ob Ihnen die Artikelserie über ostdeutsche Alleen mehr gebracht hat oder das Buch über polnische Schlösser. Und können dann fundiert entscheiden, mit welchen Themen Sie sich beschäftigen und wie viel Sie damit verdienen möchten.

Ohne kaufmännisches Verständnis geht es nicht

Mehr über Buchführung und Controlling lesen Sie ab Seite 112.

Dienstleistungsorientierung und Durchsetzungsvermögen

Mit Kunden und Partnern richtig umgehen

Einerseits müssen Sie als Selbstständiger Ihren Kunden die Wünsche von den Augen ablesen. Sie müssen sich selbst zurücknehmen können und dafür sorgen, dass der Kunde zufrieden ist und wiederkommt. Andererseits müssen Sie aber auch Ihre eigenen Ziele durchsetzen. Sie müssen genug Geld für Ihre Leistung verlangen – wenn Sie Ihren eigenen Wert unterschätzen oder anderen immer nur helfen wollen, werden Sie über kurz oder lang ausgebeutet.

Auch gegenüber Partnern und Mitarbeitern müssen Sie sich durchsetzen können, mit Lieferanten geschickt verhandeln und mit Behörden gut umgehen. Soziale Kompetenz ist also gefragt, selbst wenn Sie ganz allein arbeiten möchten. Denn Sie brauchen andere, um Ihre Ziele zu erreichen – und Sie brauchen eine starke Persönlichkeit, damit es auch wirklich um Ihre eigenen Ziele geht.

Eigenmotivation und Netzwerkdenken

Aus eigenem Antrieb arbeiten ...

Weiter arbeiten, wenn andere längst Feierabend haben? Ein neues Produkt entwickeln, auch wenn niemand Ihre Idee versteht? Als Selbstständiger müssen Sie die Motivation für solche Aufgaben komplett aus sich selbst holen. Geistes- und Sozialwissenschaftler bringen hier besonders gute Voraussetzungen mit: Sie studieren meist, weil sie sich wirklich für ihr Fach interessieren. Da vor allem Magister ihren Studienaufbau weitgehend selbst planen können (und müssen), lernen sie, sich selbst Ziele zu setzen und sie ohne klare Anweisungen von anderen zu verfolgen. Wenn Sie das im Studium gut konnten, werden Sie es als Selbstständiger viel leichter haben. Niemand muss Ihnen sagen, wann Sie wie viel arbeiten sollten!

... und rechtzeitig Hilfe holen

Andererseits: Wenn Sie Ihr Studium gemeistert haben, dann sicher auch dadurch, dass Sie die richtigen Auskünfte eingeholt haben. Vielleicht haben Sie sogar geübt, Klienten zu befragen oder Interviews zu führen. Und Sie haben aus dem Gespräch mit Ihrem Professor herausgehört, welche Prüfungsfragen eher drankommen dürften als andere. Diese detektivischen Fähigkeiten werden Sie brauchen! Denn eine Existenzgründung können Sie kaum allein bewerkstelligen – Sie brauchen Infos zum Markt, müssen Ihre Kunden kennen lernen, benötigen Hilfe bei steuerlichen und rechtlichen Fragen. Eigenständig arbeiten ist gut – aber ein Netz aus Experten und Partnern aufbauen ist besser, um sein Angebot zu verbessern und die Existenz abzusichern.

Analytisches Denken und Macherqualitäten

Denker oder Macher? Selbstständige sind im Idealfall beides. *Visionen umsetzen*
Sie müssen ihre eigenen Fähigkeiten, die Kundenwünsche, Entwicklungen im Markt oder rechtliche Vorschriften gedanklich so durchdringen, dass sie daraus geeignete Verhaltensweisen für sich ableiten können. Aber auf dieses Umsetzen der eigenen Erkenntnisse kommt es dann auch an: Dazu brauchen Sie Initiative und Entscheidungsfähigkeit. Schaffen Sie sich einen leistungsfähigen Kopierer für 800 Euro an oder reicht fürs Erste der Copyshop um die Ecke? Machen Sie Ihre Buchhaltung selbst oder beauftragen Sie jemand anderen damit? Welcher Standort ist der beste für Ihr Büro?

Berühren solche Fragen „nur" Ihren eigenen Erfolg, können *Entscheiden – auch in* nach einigen Jahren ganz andere Krisen auf Sie zukommen: *schwierigen Fragen* Müssen Sie bei einem Auftragsrückgang Mitarbeiter entlassen? Gehen Sie mit der Konkurrenz zusammen oder nicht? Wer schon Schwierigkeiten hat, sich für ein Urlaubsziel zu entscheiden, wird vor solchen Aufgaben vielleicht zurückschrecken. Aber Sie müssen Verantwortung übernehmen können, wenn Sie auf eigenen Füßen stehen wollen. Probleme richtig analysieren und dann mit diesen Erkenntnissen etwas Neues schaffen: Das ist Kreativität für die Praxis!

Positives Denken und Realismus

Als Selbstständiger haben Sie keine Sicherheit, müssen aber *Volle Kraft voraus!* trotzdem mit vollem Engagement arbeiten. Lassen Sie sich also von Krisen nicht beirren. Sie brauchen Selbstvertrauen, auch wenn die zehnte Präsentation keinen Auftrag eingebracht hat. Zuversicht, dass auch im nächsten Monat genug Geld für die Büromiete hereinkommen wird. Den Glauben daran, dass Sie Ihre Vision verwirklichen können. Aber damit nicht irgendwann das böse Erwachen kommt, müssen Sie merken, wann Sie Ihre Strategie überdenken sollten: die Präsentation kritisch überprüfen, Ihre Finanzen realistisch einschätzen, überlegen, ob Ihre Strategie noch taugt.

Belastbarkeit und Entspannungsfähigkeit

Sehr viele Selbstständige arbeiten 60, 70 oder mehr Stunden in *Hohes Arbeitspensum* der Woche, vor allem in der Anfangsphase, wenn sie Kunden akquirieren und viel Organisatorisches regeln müssen. Den Luxus,

Wie belastbar sind Sie? wenige Tage im Monat für viel Geld zu arbeiten oder gar Mitarbeiter für sich schuften zu lassen, können sich nur wenige Erfolgreiche leisten. Disziplin und Selbstorganisation, Gesundheit, psychische Belastbarkeit und Frustrationstoleranz werden Sie brauchen, wenn Sie sich anfangs auf Ihrem Messestand die Beine in den Bauch stehen oder Ihren neuen Laden allein bevölkern. Auch Ihre Familie muss hinter Ihrem Job stehen, sonst geht die Beziehung schnell in die Brüche. Und wer wirklich Ihre Freunde sind, wird sich herausstellen, wenn Sie die fünfte Verabredung absagen mussten.

Zur Belastbarkeit gehört aber auch, nicht bis zum Umfallen zu arbeiten, sondern mit seinen Ressourcen richtig umzugehen – Pausen einzulegen, genug zu schlafen, sich einen richtigen Urlaub zu gönnen, Freunde zu treffen oder Hobbys zu pflegen. Sie sind schließlich nicht Superman, sondern arbeiten, um zu leben!

Gesunde Gründer sind erfolgreicher

Gesunde Gründer machen auch bessere Geschäfte. Wer dagegen den eigenen Betrieb unter hoher Selbstausbeutung betreibt, dessen Unternehmen wird auch nur unterdurchschnittlich wachsen. Dieser Zusammenhang ergibt sich aus Forschungsergebnissen der Universität Potsdam, die auf den Deutschen Gründer- und Unternehmertagen (Degut) in Berlin vorgestellt wurden. Wie Ulf Kieschke vom Psychologischen Institut der Uni Potsdam im Rahmen des Entrepreneurship-Kongresses berichtete, sind 37 Prozent der Existenzgründer in Deutschland dem Typus von Menschen zuzurechnen, die ihren Beruf mit einer hohen Selbstverausgabung betreiben. Bei abhängig Beschäftigten sei diese Gruppe nur zu 17 Prozent anzutreffen. Dominant ist nach den Erhebungen Kieschkes bei den Gründern mit 45 Prozent allerdings der so genannte „G-Typus", der ein hohes berufliches Engagement mit einem positiven Lebensgefühl verbindet und dabei auch auf seine Gesundheit achtet.
Quelle: http://www.franchise-net.de, Nachricht vom 27.05.2003

Weiterentwicklung und Selbstreflexion

Prüfen Sie sich selbst! Die Konkurrenz schläft nicht. Wer als Selbstständiger bestehen will, muss daher fachlich immer auf dem Laufenden bleiben, und zwar aus Eigeninitiative. Niemand verordnet und zahlt Ihnen eine Weiterbildung, Sie müssen selbst erkennen, wann Sie Nachholbedarf haben und wie Sie ihn decken können. Dafür müssen Sie Ihre eigenen Fähigkeiten immer wieder kritisch überprüfen.

Aber im Laufe Ihres Berufslebens sollten Sie auch immer wieder in sich hineinhorchen: Sind Sie überhaupt noch glücklich mit Ihrer Situation? Sollten Sie sich mehr um Ihre Gesundheit kümmern, kommt Ihre Beziehung ständig zu kurz oder brauchen Sie einfach einmal Urlaub? Als Selbstständiger haben Sie meist keine Kollegen, die Ihre Überlastung wahrnehmen, und kein Personalgespräch, bei dem neue Ziele vereinbart werden. Machen Sie zum Beispiel einmal in der Woche eine halbe Stunde Rückschau, tauschen Sie sich mit anderen Selbstständigen aus, oder treffen Sie sich gelegentlich mit einem Coach, der Ihnen hilft, Ihre Situation zu verstehen und zu verbessern.

Ihre eigene Zufriedenheit zählt

Probieren geht über studieren: Testen Sie Ihr Unternehmertalent!

Sie müssen nicht sofort mit vollem Aufwand und Risiko einen Betrieb eröffnen, um nach zwei Monaten festzustellen, ob Ihnen die Selbstständigkeit liegt oder nicht. Viele Situationen können Sie schon vorher durchspielen – theoretisch oder praxisnah, in einer halben Stunde oder in mehreren Monaten.

Gründertests

Können Sie Ihre Unternehmerqualitäten selbst nicht gut einschätzen? Es gibt einige Tests, die Ihnen dazu eine Auswertung liefern, oft mit wissenschaftlichem Hintergrund. Allerdings: Jede Unternehmensgründung ist anders, und kein standardisierter Test kann Ihre Persönlichkeit so gut erfassen wie ein erfahrener Berater. Aber Tests sind eine gute Grundlage für ein Beratungsgespräch. Nehmen Sie Ihr Ergebnis auch als Hinweis, an welchen Stellen Sie noch an sich arbeiten könnten oder einen Partner mit ins Boot holen sollten. Hier einige gute und kostenlose Testverfahren:

Haben Sie das Zeug zum Gründer?

Deutsche Ausgleichsbank: Bin ich zum Unternehmer geeignet?
Die Deutsche Ausgleichsbank stellt 20 Fragen zu Motivation, Qualifikation und äußeren Bedingungen und liefert sofort eine recht detaillierte Auswertung.
⌨ http://www.dta.de > Gründerzentrum > Tipps und Adressen > Eignungstest

BMWi: Sind Sie ein Unternehmertyp?
Das Bundesministerium für Wirtschaft und Arbeit bietet einen Test der European Business School in Oestrich-Winkel an. Nach 15 Fragen bekommen Sie sofort eine kurze, allgemein gehaltene Auswertung.
🖰 http://www.bmwi.de > Existenzgründer > Tipps für den Start > Persönlichkeitstest

European Business School: Gründertests
Der Lehrstuhl für Gründungsmanagement und Entrepreneurship veröffentlicht immer wieder Fragebögen für laufende Studien. Die Auswertung bekommt man nach einiger Zeit per E-Mail.
🖰 http://www.ebs-gruendertest.de

Focus: Sind Sie ein Unternehmertyp?
Dieser unterhaltsame Test der Westerwelle Consulting & Media AG erfragt Ihr Verhalten in verschiedenen beruflichen und alltäglichen Situationen, dazu ein paar etwas obskurere Dinge („Wenn Sie im nächsten Leben als Vogel wiedergeboren würden, wären Sie ein Wellensittich, Starfighter, Thunderbird oder eine Boing 747?"). Nach 21 Fragen gibt es eine eher kurze, zusammenfassende Auswertung.
🖰 http://focus.msn.de > Beruf & Karriere > Existenzgründung > Sind Sie ein Unternehmertyp?

Bundesministerium für Wirtschaft und Arbeit:
softwarepaket 6.0 für Gründer und junge Unternehmen
Diese umfangreiche CD enthält drei kurze Tests für angehende Existenzgründer: „Sind Sie ein Unternehmertyp?" ist der gleiche kurze Test wie oben unter „BMWi" beschrieben. „Entscheiden Sie wie ein Unternehmer?" stellt Sie vor acht unternehmertypische Probleme, Ihre Lösungen werden sofort kommentiert. Das Modul „Unternehmer-Merkmale" stellt Ihnen 25 Fragen zu fünf wichtigen Persönlichkeitsmerkmalen, die Auswertung zeigt, wie stark Sie diese Anforderungen erfüllen.
Kostenlos zu bestellen beim:
Bundesministerium für Wirtschaft und Arbeit
Scharnhorststraße 34–37
10115 Berlin
Tel.: 01888 615-4171
Fax: 0228 4223-462
🖰 *http://www.bmwi-softwarepaket.de*

ExistenzGründer-Institut: Assessment Center für Gründer
In Berlin ist die Entwicklung und Ausrichtung eines Assessment Centers für Gründer geplant.
Mehr über den aktuellen Stand erfahren Sie über
↗ http://www.existenzgruender-institut.de.

Gründerstudium

Viele Hochschulen bieten inzwischen Lehrveranstaltungen zur Existenzgründung an, die teilweise auch Module zur Entscheidungsfindung umfassen. Unternehmensführung ist ein Bestandteil vieler BWL-Studiengänge. Von zu Hause aus können Sie das Orientierungsstudium „Gründer werden?" der FernUni Hagen nutzen. Studierende, Absolventen und Berufstätige aller Fachrichtungen können es neben ihrer Haupttätigkeit belegen. Es dauert ein Semester, der Zeitaufwand beträgt etwa sieben Semesterwochenstunden. In dem Studium werden Sie angeleitet, die Entscheidung für oder gegen die Selbstständigkeit bewusst zu treffen, und bearbeiten ein „Erfahrungsprojekt" (Businessidee, Businessplan oder Gründungspraktikum). Das Fernstudium wird ergänzt durch eine Informations- und Beratungs- börse, eine „virtuelle Gründer-Cafeteria", Newsgroups und eine Hotline.

Orientierungsstudium als Fernkurs

Weitere Informationen bekommen Sie bei der FernUniversität Hagen, 58084 Hagen, Telefon: 02331 987-01, ↗ FernUni@FernUni-Hagen.de, ↗ http://www.fernuni-hagen.de.

Gründerplanspiele

Zwei Jahre Unternehmensaufbau in zwei Tagen – das können Sie erleben, wenn Sie an einem Gründerplanspiel teilnehmen. Im Team müssen Sie realitätsnahe Probleme auf einem fiktiven Markt lösen: zum Beispiel Investitionen planen, Geschäftsfelder erweitern oder auflösen oder auf neue Konkurrenten reagieren.

Mit Planspielen echte Entscheidungen üben

Solche Planspiele werden oft als Blockseminare an Hochschulen angeboten, mehrere Teams treten gegeneinander an, am Ende werden die Ergebnisse gemeinsam mit dem Dozenten besprochen.

Einen Vergleich zahlreicher Planspiele, auch anhand von 450 spielbaren Demo-Versionen, ermöglicht dieses Buch mit CD-ROM: Ulrich Blötz (Hg.), Planspiele in der beruflichen Bildung. Bielefeld: W. Bertelsmann Verlag 2003. ISBN 3-7639-0978-8

Gründerwettbewerbe

Messen Sie sich mit anderen! Es muss nicht immer Olympia sein: Bei einem Gründerwettbewerb können Sie Ihre Kreativität, Ihre Mannschaft und Ihr Marktgespür mit anderen Unternehmensgründern messen. Immer mehr solcher Meisterschaften sind in den letzten Jahren entstanden. Träger sind meist Banken oder Sparkassen, Unternehmensberatungen, Wirtschaftsinitiativen oder Medien.

Nach einer Studie des Fraunhofer Instituts für Systemtechnik und Innovationsforschung fördern zwei Drittel dieser Wettbewerbe innovative Ideen aus allen Branchen, während das restliche Drittel vor allem Ideen rund um Internet, Mobilität und Naturwissenschaften prämiert. Meist müssen Sie zunächst eine Idee einreichen, in der nächsten Runde einen ausgearbeiteten Businessplan, der dann von Experten bewertet wird. Manche Wettbewerbe sprechen auch Unternehmen an, die schon einige Zeit im Markt aktiv sind.

Thorsten Kirschner hat an mehreren Gründerwettbewerben teilgenommen. Was er dabei gelernt hat, lesen Sie auf Seite 140.

Wie Sie einen Businessplan erstellen, lesen Sie ab Seite 63.

Was bringt ein Gründerwettbewerb?

Wettbewerbe als Inspirationsquellen und Kontaktbörsen

Selbst wenn Sie keinen Preis gewinnen, haben Sie als Teilnehmer viele Vorteile:

- Sie haben einen Anlass, Ihre Geschäftsidee auszuarbeiten und als Businessplan auf den Punkt zu bringen.
- Sie bekommen kostenlose Unterstützung und Rückmeldung von erfahrenen Unternehmern, Beratern und Wissenschaftlern.
- Sie können sich mit anderen Gründern vergleichen und Gedanken austauschen.
- Sie werden bekannter: Die Presse berichtet über solche Wettbewerbe, Investoren und Experten interessieren sich für die Teilnehmer.
- Sie können Kontakt zu potenziellen Partnern, Beratern und Investoren knüpfen.
- Eine gute Platzierung verbessert Ihr Image bei Geldgebern, Geschäftspartnern und Kunden.

Wo finden Sie „Ihren" Gründerwettbewerb?

Manche Wettbewerbe werden national oder sogar international ausgeschrieben, manche regional. Bundesweite Wettbewerbe bringen meist größere Bekanntheit; bei kleineren Wettbewerben können Sie leichter ein Netzwerk aus Partnern und Beratern in Ihrer Gegend aufbauen.

Kommentierte Links zu rund 40 Businessplan-Wettbewerben und Gründerpreisen finden Sie unter ☞ http://www.gruendungskatalog.de > Gründung aktiv > Gründungswettbewerbe.

Eine kurze Vorstellung der „17 wichtigsten Gründerwettbewerbe" samt ihren Anforderungen und Leistungen finden Sie bei Focus Online unter ☞ http://focus.msn.de > Beruf & Karriere > Existenzgründung > Starthilfe für innovative Ideen > Die wichtigsten Gründerwettbewerbe.

Der größte und bekannteste Gründerwettbewerb wird jährlich von den Sparkassen, McKinsey, dem stern und dem ZDF veranstaltet. Pro Bundesland nominiert der „StartUp-Wettbewerb" drei Jungunternehmer, außerdem wird der Deutsche Gründerpreis für Unternehmen in verschiedenen Wachstumsphasen vergeben.

Einzelheiten erfahren Sie unter http://www.startup-initiative.de.

Speziell an Studierende richtet sich der Wettbewerb „5-Euro-Business", der in unregelmäßigen Abständen in Bayern durchgeführt wird. Mit einem Startkapital von fünf Euro sollen Sie im Team eine Geschäftsidee entwickeln und ein Semester lang am Markt erproben. Unterstützung gibt es in Crashkursen und durch fachkundige Ansprechpartner. Am Ende präsentieren alle Teams ihre Ergebnisse, die drei besten gewinnen insgesamt 3.000 Euro.

Mehr steht unter http://www.5-euro-business.de.

Gründerpraktika

Einen Jungunternehmer ein paar Wochen im Alltag begleiten? Für ein Start-up studienbegleitend Probleme aus der Praxis lösen? So etwas können Sie in einem Gründerpraktikum machen. Wie in einem ganz „normalen" Praktikum sind Sie für einige Wochen oder Monate im Unternehmen und bearbeiten mehr oder

Unternehmen über die Schulter sehen

weniger eigenständig Aufgaben aus dem Berufsalltag. Gerade neu gegründete Unternehmen haben viele Probleme gleichzeitig zu lösen und freuen sich über Mitarbeiter auf Zeit, die sich mit viel Engagement darum kümmern, Presseverteiler zu erstellen, Kunden anzurufen, Standorte zu vergleichen oder mit möglichen Lieferanten zu verhandeln. Je kleiner das Unternehmen, desto enger werden Sie ins Team eingebunden, und desto hautnaher teilen Sie die Erfahrungen der Gründer.

Kontakt zu Gründern aufnehmen

Um ein Gründerpraktikum zu machen, können Sie sich direkt bei einem Unternehmen bewerben, das Sie interessiert. Kontakt zu jungen Unternehmen bekommen Sie vor Ort über die Kammern, Existenzgründungsinitiativen und -stammtische. Sie können natürlich auch eine Anzeige in der Zeitung aufgeben oder in Online-Foren und Mailinglisten für Gründer inserieren.

An diesen Stellen finden Sie auch Praktikumsangebote von jungen Unternehmen. Viele Gründer suchen regelmäßig Praktikanten, um die ersten größeren Aufträge zu bewältigen. Oft wenden sie sich mit solchen Gesuchen auch an ihre alte Hochschule, zum Beispiel über Absolventenvereine oder den Careers Service.

Praktikumsvermittlung an Hochschulen

An manchen Hochschulen gibt es auch Gründerinitiativen, die Praktika für Studierende bei Jungunternehmen vermitteln. Zwei Beispiele aus Köln: Das hochschulgründernetz cologne vermittelt Praktikumsplätze vor allem in Jungunternehmen aus Medien, IT und Biotechnologie. Und die Studenteninitiative gründerzeit betreut das Projekt start-up inside, bei dem Teams von Studenten und Professoren Projekte für junge Unternehmen bearbeiten.

 Mehr zu diesen beiden Initiativen steht unter ⮧ http://www.hochschulgruendernetz-cologne.de > Projekte und ⮧ http://www.gruenderzeit.de > gründerprojekte > start-up inside.

Infoquellen anzapfen: So bereiten Sie sich vor

Viele Existenzgründer scheitern an mangelnder Information. Sie müssen viele Fragen für sich beantworten, um Ihr Vorhaben optimal zu realisieren: Was bedeutet Selbstständigkeit für Sie? Welche Ideen könnten Sie realisieren? Wie sieht der Markt aus? Welche Absatzchancen haben Sie, was macht die Konkurrenz, welche Entwicklungsmöglichkeiten warten auf Sie?

Sie haben das Glück, in einer Zeit zu leben, in der das Thema „Existenzgründung" in Mode ist. Medien berichten über erfolgreiche Unternehmer, die Regierung, Gründerinitiativen und Geldgeber stellen Informationen ins Netz, einführende und speziellere Literatur gibt es en masse. Nutzen Sie diese Chance: Holen Sie sich Informationen und Beratung!

Wissen ist Ihr Kapital

Informationen im Internet

Kostenlos, sofort verfügbar und so umfangreich, dass es einen fast erschlägt: Im Internet gibt es unzählige Informationsseiten, Newsletter, Foren und Mailing-Listen rund um die Existenzgründung. Die folgenden Angebote helfen Ihnen beim Start in das selbstständige Surfen:

Info-Artikel, Linksammlungen, Newsletter und Foren

http://www.akademie.de
Diese Seite bietet Online-Workshops und Informationen zu EDV- und Business-Themen. Eine wahre Fundgrube für Existenzgründer ist der Bereich Business: Unter der Rubrik „Tipps & Tricks" gibt es umfassende Einführungen in Gründung, Betriebsorganisation, Unternehmensführung, Rechnungswesen, Vertrieb, Marketing und Personal. Die Rubrik „Links" enthält zahlreiche kommentierte Links zu den gleichen Themengebieten. Der zweiwöchentliche Newsletter „GründerLinx" informiert über Neuigkeiten in Sachen Existenzgründung und Unternehmensführung und verweist auf aktuelle Artikel der Website.

http://www.gruendungskatalog.de
Dieses Portal der Deutschen Ausgleichsbank enthält über 10.000 geprüfte, sortierte und kommentierte Links zu Gründungsnetzwerken, Wettbewerben, Erfolgsstorys, regionalen und nationalen Beratungsstellen, Finanzierung und Auftragsbörsen, Software und Formularen, Tipps zur Planung und Tipps zur laufenden Geschäftsführung.

http://www.gruenderstadt.de
Auf diesem (werbefinanzierten) Portal finden Sie ebenfalls Tausende von sortierten und kommentierten Links, allgemeine Infos zu allen Themen rund um die Existenzgründung, ein Forum und eine Datenbank, in die sich junge Unternehmer eintragen können.

http://www.gruenderleitfaden.de
Eigentlich für Multimedia-Unternehmer gedacht, liefert diese umfangreiche Website des Bundesministeriums für Wirtschaft und Arbeit auch viele allgemein gültige Informationen zur Gründungsvorbereitung, samt To-Do-Listen, Musterverträgen, Links und Adressen. Über ein Online-Formular können Sie den Gründerleitfaden Multimedia auch kostenlos als CD bestellen.

http://focus.msn.de > Beruf & Karriere > Existenzgründung
Die Zeitschrift FOCUS und das Bundesministerium für Wirtschaft und Arbeit haben eine gemeinsame „Online-Akademie für Existenzgründer" eingerichtet. Dort finden Sie zahlreiche Informationen und Links zur Unternehmerpersönlichkeit und Ideensuche, Beratung und Finanzierung, Businessplan-Erstellung, Organisation und Krisenbewältigung.

http://www.bmwi.de
Unter der Rubrik „Existenzgründer" bringt das Bundesministerium für Wirtschaft und Arbeit umfassende Informationen, Programme zur Business-Planung, Tipps zur Unternehmensnachfolge sowie zur Früherkennung von Chancen und Risiken, eine Adressdatenbank, ein Informationsarchiv und Persönlichkeitstests. Unter „Bestellservice" kann man viel Material kostenlos bestellen oder herunterladen, zum Beispiel den Infoletter „GründerZeiten" (siehe Seite 35).

CD-ROM

Geballte Informationen, interaktive Anwendungen und das Ganze auch noch kostenlos? Das gibt es auf zwei CDs, die Sie sich bestellen können:

Bundesministerium für Wirtschaft und Arbeit:
softwarepaket 6.0 für Gründer und junge Unternehmen.

Detaillierte Infos, nützliche Programme

Diese CD enthält Hilfen zur Erstellung eines Businessplans, für Finanzplanung und Controlling, weitere Infos zu Finanzen und Formalitäten, PC-Lernprogramme (zum Beispiel „Existenzgründungsberater" und „Früherkennung von Chancen und Risiken") sowie über 700 Adressen, Links und zahlreiche PDFs mit detaillierten weiteren Infos (zum Beispiel den Infoletter „GründerZeiten"). Updates gibt es über die dazugehörige Website.

Kostenlos zu bestellen beim:
Bundesministerium für Wirtschaft und Arbeit
Scharnhorststraße 34–37
10115 Berlin
Tel.: 01888 615-4171,
Fax: 0228 4223-462
🖰 *http://www.bmwi-softwarepaket.de*

SetUp: Aus der Hochschule in die Selbstständigkeit

Diese CD liefert zahlreiche Informationen zur Unternehmens- *Tipps zur lokalen*
gründung. Das Projekt wurde von der Stadt Marburg, der Tech- *Gründer-Szene*
nologieStiftung Hessen und dem Sparkassen- und Giroverband
Hessen/Thüringen initiiert. Nach und nach sollen für viele Hoch-
schulstädte lokale Versionen mit Adressen und Ansprechpart-
nern erstellt werden. Bisher gibt es CDs für Marburg und Gießen,
als nächstes sollen Starkenburg, Kassel, Fulda und Köln folgen.
Einen Teil der Informationen gibt es auch online unter 🖰
http://www.setup-scout.de, dort finden Sie auch Kontaktadressen.

Zeitschriften und Broschüren

Schon der Wirtschaftsteil jeder normalen Zeitung ist eine In- *Mit Fachzeitschriften*
spirationsquelle für Selbstständige: Was passiert in der Unter- *auf dem Laufenden*
nehmenswelt, welche Köpfe stecken hinter den Nachrichten,
was denken die Verbraucher? Die meisten Printmedien haben
auch gute Online-Auftritte, in denen Sie viele Infos finden und
oft auch kostenlose Newsletter abonnieren können.

Wenn Sie mehr über Ihren speziellen Markt wissen wollen, lesen Sie Fachzeitschriften der Branche, in der Sie sich selbstständig machen wollen. Ein Verzeichnis vieler Fachzeitschriften
finden Sie unter 🖰 http://www.pressekatalog.de.

Anregungen zu Personalführung, Marketing oder Finanzthe-
men finden Sie in zahlreichen Wirtschaftszeitschriften. (Die
Grundlagen der BWL lernen Sie allerdings besser in Seminaren
oder Handbüchern für Unternehmensgründer.) Daneben gibt es
auch einige Publikationen speziell für Existenzgründer:

Infoletter „GründerZeiten"

Die „Nachrichten zur Existenzgründung und -sicherung" werden *Infos zu vielen*
vom Bundesministerium für Wirtschaft und Arbeit herausgege- *grundlegenden Themen*
ben. Sie befassen sich mit zahlreichen Einzelthemen rund um
die Unternehmensgründung und -führung. Hinweise auf passende Hefte finden Sie in den Unterkapiteln dieses Buches. Für
den Start interessant sind zum Beispiel die Nr. 12 (Hochschul-

absolventen als Existenzgründer), die Nr. 45 (Existenzgründung durch freie Berufe) und die Nr. 44 (Kleingründungen). Sie können alle Ausgaben auf der Website des Ministeriums kostenlos herunterladen oder bestellen: ☞ http://www.bmwi.de > Bestellservice > Nach Zielgruppen > Existenzgründer.

Zeitschrift „Impulse"

Das nach eigenen Angaben „führende Unternehmermagazin in Deutschland" erscheint monatlich bei Gruner + Jahr. Es enthält Tipps zu Geschäftsideen, Finanzierung, Management, Recht und Steuern sowie Erfolgsbeispiele. Das Imprint „Gründerzeit" kommt in größeren Abständen hinzu. Auf der Website kann man außerdem einen kostenlosen Newsletter abonnieren: ☞ http://www.impulse.de.

Informationsdienst „Die Geschäftsidee"

Bunte Ideensammlung

12 bis 14 Ausgaben im Jahr beschreiben neue und erprobte Unternehmenskonzepte und weitere Themen rund um die Existenzgründung. Der Informationsdienst erscheint im Verlag für die Deutsche Wirtschaft AG. Einen kostenlosen Newsletter können Sie auf der Website abonnieren: ☞ http://www.geschaeftsidee.de

Umfangreiche Broschüren

Einige Broschüren des Bundesministeriums für Wirtschaft und Arbeit liefern ebenfalls umfangreiche Informationen zur Existenzgründung:

Starthilfe: Der erfolgreiche Weg in die Selbstständigkeit

Auf 100 Seiten finden Sie hier Tipps und Adressen zur Entscheidungsfindung, Konzeption, Finanzplanung und Unternehmensführung.

Tipps zur Existenzgründung für Künstler und Publizisten

Diese 90-seitige Broschüre hilft bei der Entscheidung und bei der Suche nach Beratungseinrichtungen und gibt Tipps zu Rechtsformen, Preisgestaltung, Finanzierung und Versicherung, Steuern, Urheberrecht und Akquise.

Beide Broschüren können Sie als PDF herunterladen unter ☞ http://www.bmwi.de > Bestellservice oder kostenlos bestellen beim

Bundesministerium für Wirtschaft und Arbeit
Scharnhorststraße 34–37
10115 Berlin
Tel.: 01888 615-4171
Fax: 0228 4223-462

Ihre berufliche Zukunft, Heft 9: Existenzgründung

Die Bundesanstalt für Arbeit informiert über Fördermöglichkeiten, Wege zur Existenzgründung, Unternehmensplanung, Rechtsform und Finanzierung und listet zahlreiche Adressen und Förderprogramme auf. Sie bekommen das Heft kostenlos im Berufsinformationszentrum Ihres Arbeitsamtes.

Rat vom Arbeitsamt

Bücher und Leitfäden

Es gibt eine unübersehbare Fülle an Publikationen zu (fast) jedem Nischenthema rund um die Unternehmensgründung und -führung. Tipps zu geeigneten Titeln finden Sie in den Unterkapiteln dieses Buches. Hier einige gute Einführungen für bestimmte Gruppen:

Julia Stein, Büffeln & Business. Firmengründung für Schüler und Studenten. München: Redline Wirtschaft bei Verl. Moderne Industrie, 2002. ISBN 3-478-85440-7.

Goetz Buchholz, Ratgeber Freie – Kunst und Medien. Hamburg: ver.di GmbH, 6. Auflage 2002. ISBN 3-932349-06-7.

Deutscher Journalistenverband (Hg.), Von Beruf Frei. Der Ratgeber für freie Journalistinnen und Journalisten. Bonn: DJV-Verlags- und Service-GmbH, Neuauflage 2003 geplant.

Bundesverband der Dolmetscher und Übersetzer e. V. (Hg.), Erfolgreich selbstständig als Dolmetscher und Übersetzer. Ein Leitfaden für Existenzgründer. Berlin, 2. Auflage 2002. ISBN 3-9808242-0-9.

Gewerkschaft Erziehung und Wissenschaft (Hg.), Angestellt oder Frei. Ratgeber für Beschäftigte an privaten Bildungs- und Erziehungseinrichtungen. Essen, 4. Auflage 2003. (Keine ISBN, zu bestellen bei den Landesverbänden der Gewerkschaft, ☞ http://www.gew.de.)

Beratung, Initiativen und Netzwerke

Lesen ist gut – reden ist besser! Wenn es darum geht, Ihre Geschäftsidee mit Leben zu füllen, sich mit anderen auszutauschen und Kontakte zu knüpfen, sprechen Sie mit anderen Gründern oder mit erfahrenen Beratern. Reden Sie mit Menschen, die etwas Interessantes erreicht haben, oder mit Menschen, die gescheitert sind. Fragen Sie „alte Hasen", was an Ihrem Konzept zu verbessern ist, welche Chancen und Risiken Ihr angestrebter Markt hat. Und nutzen Sie alle Hilfen, die Experten Ihnen geben

Experten fragen,
Erfahrungen austauschen!

Wo gibt es Hilfe vor Ort?

können – vielleicht gibt es gerade in Ihrer Region einen Zuschuss für Neugründungen oder ein Coaching-Programm für Selbstständige, von dem Sie noch nie gehört hatten? Gute Anlaufstellen für eine Existenzgründungsberatung sind meist die Landesregierung, die Gemeindeverwaltung, Kammern, Arbeitsämter und Initiativen. Die Beratung von Banken bezieht sich vor allem auf Ihre Kreditwürdigkeit – Ihren Businessplan müssen Sie vorher allein aufstellen. Beratungsstellen vor Ort haben oft wertvolle Tipps für lokale Förderprogramme, Netzwerke, Kundenstrukturen und anderes.

 Links zu zahlreichen regionalen Initiativen und Netzwerken finden Sie beim Bundesministerium für Wirtschaft und Arbeit unter ✆ http://www.bmwi.de > Existenzgründer > Weiterführende Links oder unter ✆ http://www.gruendungskatalog.de unter den Rubriken Gründung regional, Gründungsmarktplatz und Gründungsberatung.

Industrie- und Handelskammern

Die 82 regionalen Industrie- und Handelskammern in Deutschland bieten Existenzgründerveranstaltungen, Broschüren, Beratung zu Recht, Steuern, Versicherungen und regionalen Fördermitteln. Einen Überblick liefert der Deutsche Industrie- und Handelskammertag:

> *DIHK*
> *InfoCenter*
> *Breite Straße 29*
> *10178 Berlin*
> *Hotline: 030 20308-1619*
> *Telefax: 030 20308-1616*
> ✆ *infocenter@berlin.dihk.de*
> ✆ *http://www.dihk.de*

Neben den vielen allgemeinen und regionalen Beratungsstellen für Existenzgründer gibt es auch einige Adressen, die für Geistes- und Sozialwissenschaftler besonders nützlich sind:

EXIST – Existenzgründungen aus Hochschulen

Rund um Hochschulen: Regionale Netzwerke

Diese Initiative des Bundesministeriums für Bildung und Forschung möchte „das Gründungsklima an den Hochschulen verbessern und die Anzahl der Unternehmensgründungen aus akademischen Einrichtungen steigern". Es werden regionale Netzwerke gefördert, in denen Hochschulen, Unternehmen, Kapitalgeber, Technologie- und Gründerzentren, Verbände und andere Stellen gründungswillige Hochschulangehörige und Absolventen beraten. Ziel ist es, den Wissens- und Technologietransfer aus Hochschulen zu verbessern. Gefördert werden zurzeit rund 15 vorbildliche Netzwerke (keine einzelnen Existenzgründer), darunter die Initiativen bizeps (Wuppertal, Hagen), dresden exists, GET UP (Ilmenau, Jena, Schmalkalden, Weimar), KEIM (Karlsruhe, Pforzheim) und PUSH! (Stuttgart).

Mehr erfahren Sie beim
Bundesministerium für Bildung und Forschung
Referat 326
53170 Bonn
Telefon: 01888 57-0
Telefax: 01888 57-3601
✆ *exist@bmbf.bund.de*
✆ *http://www.exist.de*

Institut für Freie Berufe

Das IFB bietet kostenlose Informationsmaterialien zur Gründung in freien Berufen, Einzel- und Gruppenberatungen in Bayern und Hessen, Coachings für Jungunternehmer (in vielen Fällen staatlich bezuschusst) sowie Konzeptberatung und -abnahme.

Infos für Freiberufler

Institut für Freie Berufe
Friedrich-Alexander-Universität Erlangen-Nürnberg
Abteilung Gründungsberatung
Marienstraße 2
90402 Nürnberg
Telefon: 0911 23565-0
Telefax: 0911 23565-52
✆ *info@ifb.uni-erlangen.de*
✆ *http://www.ifb-gruendung.de*

Kunst- und Kulturwirtschaft

StartART ist die Gründungsinitiative für die Kunst- und Kulturwirtschaft in Nordrhein-Westfalen. Gründer aus den Bereichen Musikwirtschaft, Buch- und Literaturmarkt, Bildende Kunst/Design, Darstellende Kunst und Unterhaltungskunst, Film, Fernsehen, Hörfunk und neue Medien erhalten Informationen, Beratung und finanzielle Unterstützung. StartART ist Teil des Gründungsnetzwerks NRW Go! (✆ http://www.go.nrw.de, Infoline 0180 130-1300, zum Ortstarif). Kontakt zum Projektbüro der StartART bekommen Sie über die G. I. B. (siehe „Gesundheits- und Sozialwirtschaft").

Beratung für
Kulturschaffende ...

Gesundheits- und Sozialwirtschaft

Die Gesellschaft für Innovative Beschäftigungsförderung (G. I. B.) berät gemeinsam mit den „Agenturen zur Aktivierung unternehmerischer Initiative" Gründer und Unternehmer in den nicht wirtschaftsnahen freien Berufen der Gesundheits- und Sozialwirtschaft.

... und für soziale Berufe

Gesellschaft für Innovative Beschäftigungsförderung (G. I. B.)
Im Blankenfeld 4
46238 Bottrop
Telefon: 02041 767-0
Telefax: 02041 767-299
✆ mail@gib.nrw.de
🖫 http://www.gib.nrw.de

Vereinte Dienstleistungsgewerkschaft e. V.

Maßgeschneidert
für Kunst und Medien

ver.di berät Selbstständige aus Medienberufen, Kunst und Literatur mit der Experten-Hotline Mediafon. Hinzu kommen umfangreiche Online-Infos zur Weiterbildung, Honoraren und Tarifen, Versicherungen, Recht und Steuern sowie ein Newsletter mit aktuellen Gesetzesänderungen und Terminen für Freiberufler.

Hotline für Freiberufler

Mediafon
Werfmershalde 1
70190 Stuttgart
Hotline: 0180 5-754444 (12 Cent/Minute)
✆ info@mediafon.net
🖫 http://www.mediafon.net

ver.di Bundesvorstand
Potsdamer Platz 10
10785 Berlin
Telefon: 030 6956-0
Telefax: 030 6956-3141
✆ info@verdi.de
🖫 http://www.verdi.de

Gewerkschaft Erziehung und Wissenschaft

Hilfen für Lehrer

Freiberufliche Pädagogen können sich über die Info-Hotline der GEW persönlich beraten lassen: montags von 19 bis 23 Uhr und dienstags von 9 bis 13 Uhr unter 0180 4 100927 (24 Cent pro Anruf).

Außerdem hat die GEW eine Broschüre „Selbständig – aber sicher!" erstellt, die sich mit der sozialen Sicherung von Honorarkräften in der Weiterbildung befasst. Sie können sie herunterladen unter der Rubrik Standpunkt > aus den Schlagzeilen > Weiterbildung. Bei den Landesverbänden können Sie den Leitfaden „Angestellt oder Frei" bestellen (siehe Seite 37).

Gewerkschaft Erziehung und Wissenschaft
Reifenberger Straße 21
60489 Frankfurt
Telefon: 069 78973-0
Telefax: 069 78973-202
🕭 *info@gew.de*
🕭 *http://www.gew.de*

Adressen weiterer Verbände, die Ihnen helfen könnten, finden Sie im Anhang.

Berater und Business Angels

Sie können sich auch während und nach der Unternehmensgründung von einem Coach begleiten lassen, der Ihnen hilft, Ihre
Ziele im Blick zu behalten und Ihre Strategie regelmäßig zu überdenken. Die Bundesanstalt für Arbeit kann ein Gründercoaching
mit bis zu 4.500 Euro bezuschussen, auch manche Bundesländer übernehmen einen Teil der Kosten. Am besten lassen Sie
sich von einer Beratungsstelle oder anderen Gründern einen guten Coach empfehlen. Das Erstgespräch ist kostenlos, erst
wenn das Ziel und der Ablauf der Beratung geklärt sind und Sie
Vertrauen zu dem Coach gefasst haben, sollten Sie die „richtigen" Beratungstermine beginnen.

Gründercoaching

Wenn es Ihnen weniger um persönliche und mehr um betriebswirtschaftliche Fragen geht, können Sie stattdessen eine
Unternehmensberatung beauftragen, Ihre Betriebsorganisation,
Ihr Marketing oder Ihr Controlling unter die Lupe zu nehmen. Der
Bundesverband Deutscher Unternehmensberater stellt eine On-
line-Datenbank mit Adressen von Unternehmensberatern zur
Verfügung, sortiert nach Branchen, Fragestellungen und Post-
leitzahlen: 🕭 http://www.bdu.de. Erkundigen Sie sich hier
ebenfalls, ob die Beratung von dritter Seite bezuschusst werden
kann.

Unternehmensberatung
zu Wirtschaftsfragen

Persönliche, betriebswirtschaftliche und auch branchenspe-
zifische Tipps können Ihnen erfahrene Unternehmensgründer
und Manager geben. Viele, die sich aus dem aktiven Berufsleben zurückgezogen haben, fördern junge Unternehmen durch
Beratung, Kontaktvermittlung oder auch finanzielle Beteiligun-
gen. Kontakt zu solchen Mentoren oder „Business Angels" bekommen Sie über Beratungsstellen, Gründer- und Fachmessen
oder über das Business Angels Netzwerk Deutschland (BAND):
🕭 http://www.business-angels.de.

Persönliche Begleitung
durch Business Angels

Mehr zur Auswahl eines Beraters finden Sie auch im Infoletter „GründerZeiten", Nr. 32: Beratung, kostenlos herunterzuladen oder zu bestellen unter ⇩ http://www.bmwi.de > Bestellservice > Nach Zielgruppen > Existenzgründer.

Gründermessen

Messen:
Fundgruben für alles

Messen sind Kontaktbörsen und Info-Fundgruben, Seminarveranstaltungen und Motivationstage in einem. Sie können unverbindlich Material einsammeln, Vorträge und Workshops besuchen, gezielt mit Beratern und Dienstleistern sprechen oder mit anderen Existenzgründern Erfahrungen austauschen.

 Eine Übersicht größerer Messen finden Sie unter ⇩ http://www.gruendungskatalog.de > Gründung aktiv > Gründungsevents > Gründungsmessen.

Wichtige Unternehmer-
Messen

Wenn es an Ihrem Ort ein Messezentrum gibt, fragen Sie nach solchen Veranstaltungen. Auch Kammern, Arbeitsämter und Berufsverbände organisieren kleinere Gründermessen, die Ihnen neben allgemeinen Informationen auch einen Eindruck vom Geschehen vor Ort geben können. Zwei bundesweit bedeutende Veranstaltungen sind:

START
Die „bundesweite Leitmesse für Franchising, Existenzgründung und junge Unternehmen" findet jeden Herbst in Essen statt. Neben den Ausstellern aus vielen Branchen gibt es ein kostenloses Vortrags- und Workshop-Programm.

 Einzelheiten stehen auf ⇩ http://www.start-messe.de.

Deutsche Gründer- und Unternehmertage
Jeden Frühling in Berlin präsentieren sich Banken, Sach- und Krankenversicherungen, Weiterbildungsinstitutionen, Ministerien und Berufsverbände, Kammern und Wirtschaftsförderungsgesellschaften, Unternehmensberatung und Steuerprüfungsgesellschaften sowie Technologie- und Gründerzentren. Außerdem gibt es ein Seminarprogramm des ExistenzGründer-Instituts Berlin und ein Rahmenprogramm mit Infotainment und Gewinnspielen. Erfolgreiche Gründer aus allen Bundesländern stellen ihre Arbeit vor.

 Mehr zu dieser Messe erfahren Sie unter ⇩ http://www.deGUT.de.

Hochschulkurse

Kann man Gründen lernen? Die betriebswirtschaftliche Seite auf jeden Fall. In Deutschland gibt es mittlerweile über 40 Lehrstühle für Unternehmensgründung und Entrepreneurship. Sie bieten Seminare, Vorlesungen, Vortragsreihen von Praktikern oder Unternehmensplanspiele an. Drei Viertel der Kurse richten sich hauptsächlich an Studierende der Wirtschaftswissenschaften, doch auch Studierende anderer Fachrichtungen, Absolventen und weitere Interessierte können das Angebot nutzen.

Gründen kann man studieren

Der Förderkreis Gründungs-Forschung gibt einen Überblick über den Stand der Gründungsprofessuren an deutschsprachigen Hochschulen. Man kann ihn als PDF herunterladen oder für 15 Euro plus Versandkosten bestellen unter  http://www.fgf-ev.de > Zum FGForum Infosystem > Gründungslehrstühle.

Eine aktuelle Übersicht des Kursangebots von Hochschulen und anderen Anbietern finden Sie in der Datenbank KURS. Hier können Sie kostenlos Bildungsangebote nach Themen, Orten oder Ausgangsberufen recherchieren. Sie finden die Datenbank unter http://www.arbeitsamt.de > KURS.

3. Kreativ und realistisch:
Entwickeln Sie Ihre Geschäftsidee

Reisen leiten oder Texte redigieren? Unternehmen beraten oder doch lieber Kunst verkaufen? Wenn Sie wissen, dass Ihnen selbstständiges Arbeiten liegt, brauchen Sie „nur noch" eine Geschäftsidee. Vielleicht haben Sie schon paar Geistesblitze gehabt oder mit Freunden Konzepte entworfen, die Sie jetzt überprüfen möchten. Vielleicht haben Sie aber auch noch gar keinen Einfall, was Sie machen sollen?

Im Wesentlichen gibt es drei Wege zu Ihrer Geschäftsidee
* Sie überlegen, was Sie selbst gern möchten und gut können;
* Sie fragen, was Ihre Kunden brauchen;
* oder Sie übernehmen ein Konzept, das schon andere vor Ihnen erprobt haben.

Eigene Wünsche und Marktchancen verbinden

Am besten verwenden Sie eine Kombination aus diesen drei Ansätzen. Denn es ist sehr wichtig, dass Ihre Idee sowohl zu Ihnen passt als auch am Markt nachgefragt ist. Nicht ganz so entscheidend ist, dass Ihre Idee vollkommen neu ist – deshalb können Sie auch ein bewährtes Franchise-Konzept übernehmen oder in ein bestehendes Unternehmen einsteigen. Spielen Sie Ihre Möglichkeiten auf den folgenden Seiten einmal durch!

Von sich selbst ausgehen: Was passt zu Ihnen?

Hören Sie auf Ihre innere Stimme!

Sie selbst müssen Tag für Tag zu Ihrer Berufsentscheidung stehen. Hören Sie also zunächst vor allem auf das, was Sie sich wünschen und was Sie selbst gut können. Erst dann sollten Sie nachfragen, was andere dazu meinen, und austesten, wie der Markt auf Ihre Idee reagiert.

Was möchten Sie gern?

Bei einer Existenzgründung sollten Sie – wie auch bei jeder Studien- und Berufswahl – sich verdeutlichen, was Ihre persönlichen Ziele sind. Was möchten Sie so gern machen, dass Sie sich voll dafür engagieren würden? Was wollen Sie auf gar keinen Fall? Und was würden Sie in Kauf nehmen, um Ihre wichtigsten Ziele zu erreichen?

Die eigenen Träume formulieren ...

Gehen Sie einmal in Ruhe die folgende Checkliste durch:
- Was wäre meine Traumbeschäftigung, wenn ich kein Geld damit verdienen müsste?
- Welcher Job, welches Projekt hat mir in meiner bisherigen Erfahrung am meisten Spaß gemacht?
- Welche Bekannten beneide ich am meisten um das, was sie tun?
- Welches Thema interessiert mich am meisten?
- Mit was für Menschen möchte ich zu tun haben?
- Mit welchen Produkten oder Hilfsmitteln möchte ich umgehen?
- Wo will ich arbeiten – zu Hause, in einem Büro, bei Kunden, in einem Laden ...?
- Mit wem möchte ich zusammenarbeiten – allein, in einem Team, einem Netzwerk?
- Wann will ich arbeiten – zu festen Zeiten oder flexibel?
- Möchte ich mich auf ein Gebiet spezialisieren oder möglichst abwechslungsreiche Aufgaben haben?
- Wie will ich mit 35, 45, 55 Jahren leben?
- Wie möchte ich Arbeit, Beziehung und Familie miteinander kombinieren?
- Wie viel Geld müsste ich verdienen, um zufrieden zu sein?

Gerade die letzte Frage ist für viele oft der Spielverderber: Wie gern würde man Gedichte schreiben oder Kunst aus Afrika verkaufen – doch wie soll man davon leben? Ihr Hobby oder Ihre Überzeugung muss noch keine tragfähige Grundlage für eine Geschäftsidee sein. Wenn Sie ein Jahr lang an Ihrem Lyrikband feilen, den dann kein Verlag annimmt, wird Ihnen der Spaß irgendwann vergehen. Und selbst wenn Sie etwas veröffentlichen, von dem Honorar aber nicht einmal die Miete zahlen können, ist der Frust schnell größer als die Freude.

... und realistisch überprüfen

Versuchen Sie also, Idealismus und Realismus geschickt zu kombinieren. Sonst werden Sie lieber Sachbearbeiter (beispielsweise) und haben Ihre geregelte Freizeit, um Ihre Hobbys zu verfolgen. Ihre Wünsche geben Ihnen eine Richtung vor – aber den Durchbruch schaffen Sie erst, wenn Sie daraus ein berufstaugliches Konzept basteln können.

Was können Sie gut?

Benennen Sie Ihre Stärken! Ein Personalchef stellt Sie nur ein, wenn er von Ihren Fähigkeiten überzeugt ist. Einem Unternehmer sagt niemand ins Gesicht, dass er ungeeignet ist – aber die Kunden werden ausbleiben, wenn Ihre Leistung nicht stimmt. Worin sind Sie also Experte, womit könnten Sie anderen einen besonderen Nutzen anbieten?

Überlegen Sie das anhand der folgenden Checkliste:
- Mit welchem Projekt habe ich einen besonderen Erfolg erzielt?
- Was ist mir im Studium am leichtesten gefallen?
- Wonach fragen mich andere immer wieder um Rat?
- Worüber weiß ich besonders viel?
- Was kann ich, was andere nicht so gut können?
- Worin sehen mich andere als Experten?

Als Geistes- und Sozialwissenschaftler verfügen Sie einerseits über ein breites Wissen, andererseits aber auch über Schlüsselqualifikationen, die Sie für Ihre Selbstständigkeit einsetzen können. Hier ein paar Anregungen, welche Qualitäten Sie bei sich entdecken könnten:

Fachwissen

Wie können Sie Ihr Wissen zu Geld machen? Wissen Sie eigentlich, was Sie alles wissen? Klar: Sie haben Politikwissenschaften studiert oder Amerikanistik, Sie haben sich in Ihrer Magisterarbeit intensiv mit Molière beschäftigt. Viele Menschen glauben ja, Geistes- und Sozialwissenschaften seien brotlose Künste. Doch mit etwas Kreativität gibt es viele Möglichkeiten, mit Platon und Pluralismustheorien Profit zu machen!

Hier nur ein paar Ideen zum Gedankenanstoß:
- Sie lieben Literatur? Geben Sie Kurse in kreativem Schreiben, veranstalten Sie Lesungen mit prominenten Gästen, gründen Sie eine Krimi-Tauschbörse im Internet, werden Sie Literaturagentin oder freier Lektor.
- Sie sind Historiker? Dann könnten Sie Studienreisen nach Rom leiten, die Chronik Ihrer Gemeinde aufarbeiten, mittelalterliche Feste veranstalten, Seminare

zur Ahnenforschung geben oder Broschüren zur Unternehmensgeschichte für Konzerne erstellen.

Ein Thema – viele Umsetzungen

- Sie wissen alles über Politik und Soziologie? Beraten Sie Parteien im Wahlkampf, verkaufen Sie Umfrage-Ergebnisse an Medien, erstellen Sie Skripten zur Prüfungsvorbereitung für Studenten, halten Sie Vorträge zu aktuellen Themen an der Volkshochschule.
- Sie sprechen fließend Fremdsprachen? Dann könnten Sie nicht nur bei Konferenzen dolmetschen, sondern auch übers Internet Übersetzungen für Kunden in aller Welt anbieten, Sprachkurse für Angehörige ausländischer Arbeitnehmer durchführen oder Schüler beim Sprachurlaub betreuen.
- Sie sind Psychologin? Neben klassischer Therapie könnten Sie auch in Unternehmen Mitarbeiterbefragungen durchführen, Kurse in Traumdeutung geben, Tests für Frauenzeitschriften entwickeln oder Jugendliche bei der Studienwahl beraten.
- Sie haben Theologie studiert? Machen Sie Bibelwochen mit Kindern, Workshops zur Sinnfindung mit Erwachsenen, konzipieren Sie Ausstellungen oder Konzerte in Kirchen oder schreiben Sie Artikel in Qualitätszeitungen.
- Sie kennen fremde Länder und Kulturen? Schreiben Sie Reiseführer, beraten Sie Unternehmen bei Auslandsinvestitionen, geben Sie interkulturelle Trainings für Auswanderer oder lassen Sie sich als Nahost-Experte im Fernsehen interviewen.

Neben Ihrem Prüfungswissen haben Sie auch wertvolle Kenntnisse über Zusammenhänge erworben: Wer sind die wichtigsten Meinungsbildner in Deutschland? Welcher Verlag hat was für Bücher im Programm? An welchen Unis kann man Kulturwissenschaften studieren? Solches Wissen können Sie ebenfalls nutzen, um daraus eine Geschäftsidee zu entwickeln.

Schlüsselqualifikationen

Hier können Sie als Geistes- und Sozialwissenschaftler besonders punkten: In Sachen Kommunikationsfähigkeit, Informationsbeschaffung oder Kreativität macht Ihnen kein Betriebswirt und kein Ingenieur etwas vor. Manche Eigenschaften, wie Entscheidungsfähigkeit oder Belastbarkeit, brauchen Sie, um überhaupt selbstständig arbeiten zu können (siehe Seite 22). Aber Sie können aus Ihrer Schlüsselqualifikation auch eine Geschäftsidee machen: eine interessante Dienstleistung oder ein spannendes Produkt.

Ihre Schlüsselqualifikationen als Geschäftsidee

Immer mehr Dienstleistungen

In hochentwickelten Volkswirtschaften wie Deutschland findet seit einigen Jahrzehnten eine kontinuierliche Ausweitung des Anteils der Dienstleistungen an der gesamtwirtschaftlichen Wertschöpfung und Beschäftigung statt. Im April 2001 arbeiteten in Deutschland bereits zwei von drei Erwerbstätigen (65 %) in Unternehmen, die schwerpunktmäßig mit der Produktion von Dienstleistungen befasst sind, oder im öffentlichen Sektor ...

Allein in Unternehmen des Handels, Gastgewerbes, Verkehrs und der Nachrichtenübermittlung waren 2001 23 % aller Erwerbstätigen in Deutschland beschäftigt. 41 % der Erwerbstätigen gingen in den Bereichen der sonstigen Dienstleistungen einer Arbeit nach: im Kredit- und Versicherungsgewerbe waren es 4 %, in den unternehmensnahen Dienstleistungsbereichen ebenso wie in der öffentlichen Verwaltung 8 % und in den Bereichen der anderen öffentlichen und privaten Dienstleistungen (u. a. Gesundheit, Bildung, Sozialwesen) 22 %.

Damit haben diese Branchen schon längst das Produzierende Gewerbe überholt, dem im April 2001 nur noch 32 % der Erwerbstätigen angehörten. Die Land- und Forstwirtschaft und die Fischerei spielten mit 3 % aller Erwerbstätigen für den Arbeitsmarkt in Deutschland nur noch eine untergeordnete Rolle.

Quelle: Statistisches Bundesamt, Mikrozensus 2001

Informationen sammeln und auswerten

Gute Daten werden überall gebraucht!

Als Sozialwissenschaftler haben Sie Methodenkompetenz erworben: Sie können Erhebungen oder Experimente, Berechnungen und Auswertungen zuverlässig planen und durchführen. Als Historiker wissen Sie, wo Sie die richtigen Quellen finden, wie Sie mit Lexika und Fachzeitschriften umgehen. Und jeder Magister hat gelernt, aus der Fülle an Vorlesungen und Literaturempfehlungen die herauszufiltern, die zu seinem Studienziel passen.

Kurz: Als Geistes- oder Sozialwissenschaftler können Sie die Infoflut strukturieren. Eine Fähigkeit, die in der heutigen Informationsgesellschaft Gold wert ist. Bieten Sie Ihre Dienste als Info-Broker, Umfrage-Experte oder Marktforscher an, recherchieren Sie für Medien, Wirtschaft, Politik oder soziale Organisationen.

 Die Politikwissenschaftlerin Barbara Vielhaber macht kommunale Meinungsforschung. Mehr zu ihrer Arbeit lesen Sie ab Seite 144.

Schreiben, darstellen, präsentieren

Hausarbeiten, fremdsprachliche Essays, Ergebnisberichte, Referate – immer wieder mussten Sie im Studium die Erkenntnisse aus Materialsammlungen und Analysen neu aufbereiten und präsentieren. Verständlich und einprägsam zu formulieren und Leser oder Zuhörer damit auch noch zu fesseln ist eine Kunst. Vielleicht haben Sie sich nicht nur selbst darin geübt, sondern auch noch analysiert, wie Texte wirken – ob Literatur oder Gebrauchstext.

Medien und Werbung: „Klassiker" für Geistes- und Sozialwissenschaftler

Diese Fähigkeit, verbunden mit Recherche und Kontaktpflege, ist die wichtigste Voraussetzung für eine freie Arbeit für die Medien. Hier geht der Trend auf jeden Fall zum Outsourcing. Auch in der Werbung sind gute Texte gefragt, die das Wesentliche auf den Punkt bringen. Ob Reporter oder Texter, Lektor oder Fachbuchautor: Mit Gespür für den Markt können Sie sich auf diesem klassischen Arbeitsfeld für Geistes- und Sozialwissenschaftler gut etablieren. Oder suchen Sie sich weitere Nischen: Schreiben Sie als Ghostwriter Reden für Manager und Politiker, erstellen Sie „Auto"biografien für viel beschäftigte Prominente, starten Sie Ihr eigenes Online-Veranstaltungsmagazin oder lesen Sie Examens- und Doktorarbeiten Korrektur.

Die Literaturwissenschaftlerin Dagmar Giersberg schreibt als freie Publizistin Bücher, Broschüren und Artikel. Kay Schönewerk hat als Diplom-Journalist ein Medienbüro mit PR-Agentur gegründet. Ihre Erfahrungen stehen auf Seite 136 und 153.

Lehren, unterrichten

Wenn Sie ein Lehramt studiert haben, ist Didaktik Ihre Kernkompetenz. Vielleicht haben Sie aber auch nur Kommilitonen den Prüfungsstoff vermittelt oder als Tutor Einführungsveranstaltungen gehalten – und dabei Ihr Talent zum Erklären entdeckt. Gut für Sie: In unserer Wissensgesellschaft wird lebenslanges Lernen für die meisten Menschen unverzichtbar. Nutzen Sie diese Chance: als freiberuflicher Nachhilfelehrer, Dozent an der Volkshochschule oder Lektor an der Uni. Aber auch abseits der Bildungsinstitute gibt es viel Arbeit für Pädagogen: etwa als Lehrbuchautoren, Online-Mentoren oder Trainer für Unternehmen. Und wenn Sie im größeren Maßstab Bildung vermitteln wollen, können Sie Ihre eigene Schule aufmachen, zum Beispiel für Sprachen oder Sport.

Bildungsbereich: Breites Spektrum

Der Psychologe Patrick Broome hat eine Yogaschule eröffnet, die Pädagogin Christiane Gladen schult Mitarbeiter für Unternehmen. Mehr darüber lesen Sie auf Seite 148 und 157.

Planen und organisieren

Organisation als Dienstleistung

Wie lerne ich gleichzeitig auf drei Klausuren? Wie bringe ich Studium und Nebenjob unter einen Hut, und wer organisiert was bei der Abschlussfeier? Schon im Studium mussten Sie planvoll arbeiten, um alle Aufgaben in den Griff zu bekommen. Im Berufsleben ist das eine gefragte Fähigkeit: Je komplexer die Anforderungen der Arbeitswelt, desto mehr Anforderungen müssen gleichzeitig berücksichtigt werden, und desto mehr Menschen müssen an einem Strang ziehen, um eine Veranstaltung auszurichten, einen Internetauftritt zu gestalten, eine Marktforschung durchzuführen oder andere Projekte fertig zu stellen. Mit dieser Kompetenz können Sie anderen Menschen einen wertvollen Dienst erweisen: indem Sie Firmenjubiläen oder Hochzeitsfeiern konzipieren, Promotion-Touren oder Sportwettkämpfe organisieren, maßgeschneiderte Reisen entwerfen oder einfach nur anderen Berufstätigen ihre Alltagsbesorgungen abnehmen.

Die Theologin Irmgard Jehle muss als Reiseleiterin viele Alltagsprobleme organisieren. Mehr über ihre Arbeit lesen Sie auf Seite 134.

Beraten und begleiten

Menschen helfen in jeder Lebenslage

Mit Menschen umzugehen ist eine Kernkompetenz von Psychologen, Pädagogen, aber auch vielen anderen Sozial- und Geisteswissenschaftlern. Persönliche Unterstützung wird auch in Zukunft viele Arbeitsmöglichkeiten bieten: Relocation Manager helfen Menschen, sich in einer fremden Stadt einzuleben, Einrichtungsberater gestalten die Wohnung, Karriere-Coaches begleiten das Berufsleben, Unternehmensberater entwickeln maßgeschneiderte Lösungen für Betriebe und Institutionen. Ohne einschlägige Fachkenntnisse können Sie Ihren Kunden dabei nicht helfen. Aber gerade in psychologischen oder interkulturellen Fragen werden die Kompetenzen von Geistes- und Sozialwissenschaftlern gern genutzt.

Der Kulturwirt Thorsten Kirschner berät kleine Unternehmen, die im Ausland investieren möchten. Wie er dazu kam, lesen Sie auf Seite 140.

Vermarkten und verkaufen

Gut verkaufen ist eine Kunst!

Sie können sich gut in andere Menschen und ihre Bedürfnisse eindenken. Und Sie kennen interessante Produkte, für die Sie sich selbst begeistern können. Warum also nicht Angebot und Nachfrage zusammenbringen? Ob Buchhandlung oder Einrichtungshaus, Studenten-Shop oder Event-Gastronomie: Suchen

Sie sich ein Sortiment, das Sie gut kennen, oder verkaufen Sie an eine Zielgruppe, in die Sie sich gut eindenken können. Und lernen Sie, betriebswirtschaftliches Know-how so einzusetzen, dass der Laden läuft – eine spannende Herausforderung für Kreative mit kaufmännischem Ehrgeiz.

Die Sprachexpertin Eva von Buch verkauft im Body Shop ökologische Pflegemittel. Ihre Geschichte steht auf Seite 152.

Den Markt beobachten: Wo ist Ihre Nische?

Es kann sein, dass Ihnen der Ansatz über Ihre eigenen Ziele und Fähigkeiten wenig bringt. Vielleicht liegt Ihnen Schreiben genauso wie Verkaufen, vielleicht ist Ihnen nicht so wichtig, was Sie machen, solange Sie es allein und selbstbestimmt tun dürfen. Vielleicht haben Sie aber auch das Gefühl, dass ein Produkt oder eine Dienstleistung dringend gebraucht wird und Sie diese Lücke schließen könnten.

Dann machen Sie doch einmal ein Brainstorming mit sich selbst – mit Fragen wie diesen:

Lücken entdecken

- Was haben Sie sich selbst immer gewünscht und nie bekommen?
- Welche interessante Kundengruppe könnte was für Angebote brauchen?
- Welche Dienstleistung fehlt an Ihrem Ort?
- Was müssen Ihnen Freunde immer aus Italien mitbringen, und warum gibt es das nicht hier zu kaufen?
- Wie viele Versicherungsbüros gibt es in Ihrem Stadtviertel und wie wenige Kindertagesstätten?

Auf diesem Weg könnten Sie ein Konzept entwickeln, das sich vor allem am Markt orientiert und bei den Kunden wirklich gefragt ist. Denken Sie aber weiterhin auch an sich selbst: Kennen Sie sich genug mit diesem Produkt aus, können Sie diese Dienstleistung qualifiziert erbringen? Haben Sie auch dann noch Lust, in Ihrem Laden zu stehen, wenn die erste Freude über die Neueröffnung vorbei ist? Und: Verspricht Ihre Geschäftsidee genug Gewinn, dass Sie langfristig davon leben könnten?

Passt dieser Plan zu Ihnen?

Ideen ausarbeiten: So kommen Sie weiter

Haben Sie an alles gedacht?

Sie haben sich Gedanken zu Ihren Wünschen, Ihren Fähigkeiten oder dem Marktumfeld gemacht. Wahrscheinlich haben sich einige Ideen herauskristallisiert, die Sie weiter verfolgen möchten. Wie können Sie sicher sein, dass Sie nichts vergessen haben?

Kreativitätstechniken

Ihrer Geschäftsidee fehlt noch der nötige Pfiff? Es gibt verschiedene Techniken, um Ihre Idee auszubauen.

Mind Map

Assoziationen sammeln

Ein gutes Verfahren, um Ideen zu sammeln und zu erweitern, ist ein Mind Map: Sie schreiben den Ausgangspunkt Ihrer Überlegungen in die Mitte eines großen Blattes und ziehen einen Kreis darum. Dann schreiben Sie Gedanken, die Ihnen dazu einfallen, um den Ausgangspunkt herum in neue Kreise und verbinden sie mit dem Ausgangspunkt. Jeder einzelne Kreis kann zum Ausgangspunkt für neue Gedanken werden, Ihre Ideensammlung verästelt sich immer weiter. Mit dieser Methode können Sie freier assoziieren als mit einer Tabelle, Sie können Querverbindungen ziehen und behalten trotzdem den Überblick.

Ein Beispiel: Sie kennen sich besonders gut mit Italien aus, lieben das Land und die Sprache. So könnten Sie Ideen rund um Italien sammeln:

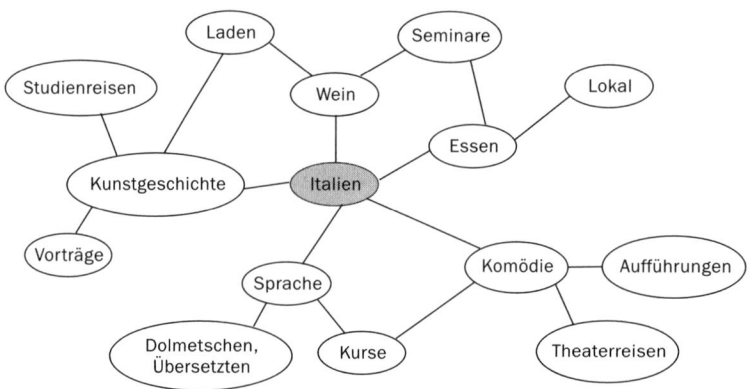

Je mehr Querverbindungen Sie ziehen, desto eher wird Ihnen dabei eine Kombination einfallen, die eine interessante Geschäftsidee ergibt. Zum Beispiel könnten Sie Komödien-Aufführungen mit italienischem Essen als Event aufziehen. Oder Sie eröffnen einen Laden für italienische Weine und Feinkost, in dem auch Kochkurse und Weinseminare veranstaltet werden.

Bausteine kombinieren

Sie haben sicher viele Notizen gemacht, was Sie können und was Sie gern machen würden. Schreiben Sie jeden Punkt nun auf einen eigenen Zettel. Mischen Sie die Zettel, ziehen Sie zwei oder drei aus dem Stapel und überlegen Sie, wie Sie diese Aspekte miteinander verbinden könnten.

Auf neue Gedanken kommen

So können Sie auch Ideen, die Sie schon haben, den nötigen Pfiff versetzen. Journalist zum Beispiel wollen viele werden. Aber Sie kennen sich auch noch besonders gut mit Kunstgeschichte aus, vor allem mit Möbeln? Könnten Sie vielleicht mit Möbelherstellern ins Geschäft kommen und ihnen eine Kundenzeitschrift konzipieren?

Als Unternehmer bewerben

Als Selbstständiger sind Sie in der glücklichen Lage, keine Bewerbungen an Arbeitgeber schicken zu müssen. Sie werden aber Geldgeber und Partner, Lieferanten und Kunden oft genug von den Vorzügen Ihres Vorhabens überzeugen müssen. Zeigen Sie also, dass Sie Ihre Geschäftsidee gut durchdacht haben: Schreiben Sie eine Bewerbung als Unternehmer! Erklären Sie dem Leser, warum er gerade Ihnen einen Auftrag geben oder Ihre Angebote kaufen sollte. Oder präsentieren Sie Ihre Idee so, dass ein Kapitalgeber liebend gern in Ihr Vorhaben investiert.

Würde Ihr Konzept Kunden überzeugen?

Diese Übung ist eine gute Vorarbeit für Ihren Businessplan. Mehr dazu lesen Sie ab Seite 63.

Mit anderen sprechen

Ihre eigenen Gedanken bilden die Basis für Ihre Geschäftsidee. Sprechen Sie dann aber auch mit anderen: mit Freunden, Familie oder Lehrern, die Sie gut kennen, oder mit professionellen Beratern. Machen Sie Praktika, wenn Sie nicht sicher sind, ob Ihnen eine Tätigkeit auf Dauer liegen würde. Fragen Sie andere Gründer nach ihren Erfahrungen. Die meisten Menschen geben gerne Auskunft, wenn man sie zu einem Zeitpunkt befragt, der ihnen passt.

Was meinen andere zu Ihrer Idee?

Wo Sie professionelle Beratung finden, steht auf Seite 37.

Noch mehr Anregungen finden Sie auch im Infoletter „GründerZeiten", Nr. 39: Gründungs-ideen entwickeln, kostenlos herunterzuladen oder zu bestellen unter ☞ http:// www.bmwi.de > Bestellservice > Nach Zielgruppen > Existenzgründer.

Eine bunte Sammlung an Unternehmenskonzepten bietet die Zeitschrift „Die Ge-schäftsidee". 12 bis 14 Ausgaben jährlich stellen bewährte und originelle Strategien vor und liefern weitere Ratschläge für Unternehmensgründer. Auf der Website kann man einen kostenlosen Newsletter abonnieren: ☞ http://www.geschaeftsidee.de.

Eine „Fibel zum Entwickeln eigener Ideen" ist auch das Buch von Anja Kolberg, Die richti-ge Idee für Ihren Erfolg. 88 Erfolg versprechende Gründungsideen. Landsberg: mvg-verlag 2001. ISBN 4-478-85360-5.

So schützen Sie Ihre Geschäftsidee

Konzepte kann jeder kopieren

Reine Ideen (egal, wie originell sie sind) sind gesetzlich nicht geschützt. Es könnte Ihnen also passieren, dass ein anderer Gründer schneller ist und Ihnen das Geschäft vor der Nase weg-schnappt, weil Sie Ihre Idee allzu deutlich in Online-Foren, auf Gründermessen oder anderweitig verbreitet haben. Eigentlich sollten Sie also möglichst wenig Details zu Ihren Plänen veröf-fentlichen – andererseits möchten (und sollten) Sie sich aber mit anderen Gründern austauschen. Tun Sie dies am besten nur persönlich, nachdem Sie einiges über Ihren Gesprächspartner erfahren haben. Wenn Sie allgemeine Aufrufe starten (zum Bei-spiel, um Mitstreiter für Ihr Projekt zu finden), geben Sie auch nur allgemeine Informationen.

Was Sie gesetzlich schützen können, sind Werke, Marken, Ge-schmacksmuster oder Erfindungen.

Urheberrecht, Marken, Patente

Das Urheberrecht schützt Werke der Literatur, Kunst, Wis-senschaft und auch Computerprogramme bis 70 Jahre nach dem Tod des Urhebers. Es gilt automatisch, Sie müssen also nichts dafür anmelden. Anders ist es bei Marken und Ge-schmacksmustern: Sie schützen das typische Design von Pro-dukten, wenn es einigermaßen kreativ ist. Diesen Schutz muss man anmelden, er gilt für einige Jahre und kann verlängert wer-den. Patente und Gebrauchsmuster sind die Möglichkeiten, technische Erfindungen zu schützen.

Zur Wahrung von Urheberrechten lesen Sie auch den Abschnitt zu den Verwertungs-gesellschaften auf Seite 105.

Mehr erfahren Sie beim Deutschen Patent- und Markenamt unter http://www.patent-amt.de oder im Infoletter „GründerZeiten", Nr. 40: Patente und Schutzrechte, kosten-los herunterzuladen oder zu bestellen unter ✑ http://www.bmwi.de > Bestellservice > Nach Zielgruppen > Existenzgründer.

Konzepte übernehmen: Was hat sich bewährt?

Als Existenzgründer müssen Sie nicht unbedingt das Rad neu er-finden. Die meisten Ideen haben – leider – auch andere schon einmal gehabt. Das können Sie aber auch zu Ihrem Vorteil ma-chen: Sie können Konzepte übernehmen, die an anderen Orten oder zu anderen Zeiten schon funktioniert haben, oder sich an gut laufenden Unternehmen beteiligen. Vielleicht lassen sich auf diesem Weg nicht so viele Ideen verwirklichen wie mit einer Neugründung – aber kreativ Probleme lösen müssen Sie als Ge-schäftsführer oder Partner immer noch genug.

Erprobte Ideen nutzen

Franchising

Überall bei McDonald's gibt es die gleichen Burger. Doch die me-xikanischen Wochen oder die Billigaktionen finden nur in „teil-nehmenden Restaurants" statt. Der Grund: McDonald's ist ein Franchise-Unternehmen. Die Zentrale gibt das Geschäftskon-zept vor, doch jedes Restaurant wird von einem selbstständigen Unternehmer geführt, der auch einige Gestaltungsfreiheit hat.

Geschäftskonzepte „zum Kaufen"

Doch Franchising funktioniert nicht nur in der Systemgastro-nomie. Auch die TUI/First-Reisebüros, die PAETEC-Institute für Lerntherapie oder die „Vom-Fass"-Läden sind so organisiert. Über 1.000 Franchise-Systeme stehen in Deutschland zur Aus-wahl, rund 60 Prozent davon im Dienstleistungssektor, 30 Pro-zent im Handel.

Ein bekanntes Franchise-System ist The Body Shop. Eva von Buch hat einen solchen Laden eröffnet. Wie das funktionierte, lesen Sie auf Seite 152.

Wie funktioniert Franchising?

Allen Systemen gemeinsam ist: Der Franchise-Nehmer bekommt vom Franchise-Geber ein durchdachtes und am Markt erprobtes

Geschäftskonzept – einen eingeführten Namen, Beratung bei der Standortwahl und Gebietsschutz, fertig entwickelte Produkte oder die Einweisung in bestimmte Dienstleistungen, gemeinsame Werbeaktionen und vieles andere mehr.

Dafür zahlt der Franchise-Nehmer eine Lizenzgebühr. Diese liegt laut Informationen des Deutschen Franchise-Verbands im Durchschnitt bei 7.500 Euro, hinzu kommen laufende Gebühren von etwa fünf Prozent des Umsatzes und häufig auch Werbegebühren von etwa zwei Prozent des Umsatzes. Weitere Investitionen muss der Franchise-Nehmer ebenfalls tragen, denn er ist ein selbstständiger Unternehmer und führt das Geschäft auf eigene Rechnung. Oft müssen Waren vom Franchise-Geber bezogen werden, der auch die Einhaltung des Systems kontrolliert und über den Geschäftsverlauf informiert wird.

Ein großer Vorteil für den Franchise-Nehmer ist, dass er sein Produkt nicht mehr selbst im Markt bekannt machen muss. Er profitiert vom Image des Franchise-Gebers und spart Kosten durch gemeinsames Marketing. Mit dem vorgegebenen Geschäftskonzept kann er sich gleich auf den Arbeitsalltag konzentrieren. Andererseits kann er auch weniger kreative Ideen in die Ausgestaltung der Geschäftsidee einbringen oder flexibel auf Sonderwünsche der Kunden reagieren – wenn das System keine zusätzlichen Kosmetikbehandlungen in Ihrem Sonnenstudio vorsieht, können Sie das nicht von heute auf morgen ändern. So werden Sie sich manchmal eher wie ein Filialleiter vorkommen als wie ein Selbstständiger; tatsächlich sind die Grenzen zur Scheinselbstständigkeit beim Franchising oft fließend.

Erst informieren – dann entscheiden!

Lassen Sie sich beim Deutschen Franchise-Verband, bei Kammern oder Banken beraten. Denn manche schwarze Schafe liefern nur Produkte und Werbepakete, die Sie ihnen abkaufen müssen. Gute Franchise-Geber beraten ihre Franchise-Nehmer und haben gute Referenzen. Sie lassen die Franchise-Nehmer an der Entwicklung der Idee teilnehmen und stellen vergleichende Markt- und Erfolgsdaten zur Verfügung, damit alle das System weiter verbessern können. Seriöse Franchise-Konzepte werden auch mit öffentlichen Geldern gefördert – fragen Sie zum Beispiel bei der Deutschen Ausgleichsbank nach finanzieller Unterstützung für Ihre Existenzgründung mit diesem Konzept.

Gehen Sie auf eine Franchise-Messe, fragen Sie bei interessanten Franchise-Gebern nach ihrem Franchise-Handbuch, studieren Sie seine Organisation, vergleichen Sie mehrere Systeme miteinander. Und fragen Sie andere, die als Franchise-Nehmer mit diesem System Erfahrungen gemacht haben. Wenn Sie sich für ein System interessieren, wird aber auch der Franchise-Geber Ihre unternehmerische Eignung nachprüfen.

Beratung, Rechtsinformationen und eine Prüfung von Franchise-Systemen leistet der Deutsche Franchise-Nehmer Verband (DFNV):

Celsiusstraße 43
53125 Bonn
Telefon: 0228 250-300
Telefax: 0228 250-586
🖰 *info@dfnv.de*
🖰 *http://www.dfnv.de*

Mehr über Franchising lesen Sie im Infoletter „GründerZeiten", Nr. 4: Franchise, kostenlos herunterzuladen oder zu bestellen unter 🖰 http://www.bmwi.de > Bestellservice > Nach Zielgruppen > Existenzgründer.

Informationen über Franchise-Systeme verschiedener Branchen, Tipps zum Start ins Franchising und Links zu weiteren Websites finden Sie auf 🖰 http://www.franchise-net.de.

Kooperationen

Wenn Sie gern im Team arbeiten, wenn Sie Ihre eigenen Kompetenzen ergänzen möchten und aufwändigere Projekte realisieren wollen, ist eine Kooperation mit einem anderen Gründer vielleicht das Richtige für Sie. Viele junge Unternehmen suchen Partner, die als Mit-Inhaber einsteigen und das Geschäft ausbauen. Techniker brauchen Marketing-Fachleute, um ihre Erfindung zu vermarkten, Kaufleute suchen Auslandsexperten, Journalisten wollen ein gemeinsames Redaktionsbüro eröffnen ... Auf Messen oder in Online-Kooperationsbörsen können Sie nach Angeboten suchen oder Ihre eigenen Ziele und Qualifikationen bekannt machen.

Kräfte bündeln:
ideal für Teamplayer

Der Deutsche Industrie- und Handelstag bietet eine Kooperationsbörse unter www.diht.de > Börsen > Kooperationsbörsen. „BIG – Börse für Ideen und Gründungsteilhabe" heißt der Marktplatz der Uni Erlangen unter 🖰 http://www.wtt.uni-erlangen.de/big.

Einstieg in ein bestehendes Unternehmen

Für Architekten oder Anwälte ist das ganz normal: Sie beteiligen sich als Partner an einem Büro. Für Geistes- und Sozialwissenschaftler ist so etwas genauso möglich: zum Beispiel bei Journalistenbüros oder Unternehmensberatungen.

Unternehmensnachfolge: Gute Chancen im Mittelstand	Wenn Sie lieber allein regieren möchten, können Sie auch ein Unternehmen übernehmen. Das geht nicht nur, wenn Ihre Eltern zufällig ein interessantes Unternehmen besitzen und bald ihren Ruhestand genießen wollen. In den nächsten Jahren brauchen rund 300.000 mittelständische Firmen in Deutschland eine neue Unternehmensführung! Experten glauben, dass rund ein Drittel dieser eigentlich gut gehenden Betriebe eingestellt werden müssen, weil sie keinen Nachfolger finden können. Um deren Arbeitsplätze zu erhalten, werden Betriebsübernahmen ähnlich mit öffentlichen Mitteln gefördert wie Neugründungen.
Der Übergang muss stimmen	Vorteile sind, dass Sie ein eingeführtes Geschäft übernehmen, samt eingelernten Mitarbeitern, Lieferanten, Partnern, Hausbank, Ausstattung und vor allem dem Kundenstamm. Sie können Ihren Geschäftserfolg recht zuverlässig kalkulieren und sich vom alten Chef beraten lassen. Hier liegt allerdings auch die Gefahr, dass der vorige Inhaber sich nicht vom Geschäft lösen kann, seine Angestellten Sie nicht akzeptieren oder die Kunden Ihnen nicht vertrauen. Eine Phase des gemeinsamen Auftretens, in der Sie eingearbeitet und bekannt gemacht werden, ist daher sehr hilfreich.

Ein Nachteil ist auch, dass der Kauf eines geführten Unternehmens teurer ist als das lange Hineinwachsen in eine Neugründung. Untersuchen Sie vorher gründlich, ob das Unternehmen solide ist und wie seine Zukunftsaussichten sind.

Ausführliche Informationen zur Unternehmensnachfolge und eine Kontaktbörse mit über 7.000 Firmen, die einen Nachfolger suchen, bietet die Gemeinschaftsinitiative Unternehmensnachfolge CHANGE/CHANCE unter ☞ http://www.change-online.de.

Ähnlich detaillierte Erläuterungen und Kontaktmöglichkeiten, außerdem einen Veranstaltungskalender und Planungstools finden Sie bei der Initiative Unternehmensnachfolge unter ☞ http://www.nexxt.org.

Beim Bundesministerium für Wirtschaft und Arbeit finden Sie die Broschüre „Unternehmensnachfolge – Der richtige Zeitpunkt – Optimale Nachfolgeplanung". Sie können sie als PDF herunterladen oder bestellen unter ☞ http://www.bmwi.de > Bestellservice.

Chancen abschätzen: Eine kleine Marktforschung

Egal, ob Sie etwas völlig Neues machen oder bewährte Ideen übernehmen möchten: Überprüfen Sie Ihre Geschäftsidee vor dem Start ganz genau. Suchen Sie Chancen, beachten Sie aber auch die Risiken. Dies ist eine wichtige Planungsphase für Sie selbst, und es ist die Vorarbeit, um Geldgeber oder Geschäftspartner mit einem lückenlosen Businessplan zu überzeugen.

Mehr zum Aufbau eines Businessplans lesen Sie ab Seite 63.

Sprechen Sie mit Marktexperten, zum Beispiel den Kammern und Berufsverbänden, oder mit Leuten, die schon länger in Ihrem anvisierten Geschäftsfeld arbeiten (aber nicht Ihre künftige Konkurrenz wären). *Probeläufe für Ihre Geschäftsidee*

Und wenn Sie gleich einen Praxistest wollen, machen Sie doch Probeläufe in kleinerem Rahmen! Jedes Industrieunternehmen testet neue Technik in Prototypen. Genauso können Sie einen Prototypen Ihres Produkts auf den Markt bringen oder ein erstes Dienstleistungs-Projekt neben Studium oder Job abwickeln. Der Vorteil: Sie tüfteln nicht zu lang im stillen Kämmerlein an Ihrer Idee, sondern holen sich frühzeitig Anregungen vom Markt. Und wenn Ihre Idee gut ankommt, haben Sie schon erste Referenzen für spätere Kunden oder Geldgeber gesammelt.

Barbara Vielhaber stieg mit einer „Versuchsbefragung" in das Geschäft der kommunalen Meinungsforschung ein. Mehr zu ihrem Vorgehen lesen Sie auf Seite 144.

Wenn Sie zum Beispiel mit einer Gauklertruppe auf Mittelaltermärkten auftreten möchten, fangen Sie früh damit an – auch wenn Ihr Programm noch gar nicht ausgefeilt ist. Gehen Sie mit zwei oder drei Kunststücken in Kindergärten, oder schalten Sie eine Anzeige, in der Sie Ihre Dienste für Familienfeiern oder Firmenfeste anbieten. An den Reaktionen können Sie schon einschätzen, wie groß der Bedarf an Gaukler-Unterhaltung in Ihrer Region sein könnte, oder auf welche Angebote die meisten Kunden reagieren.

Folgende Punkte sollten Sie für sich klären:

Ihre Kunden

Wem wollen Sie Ihr Produkt oder Ihre Dienstleistung verkaufen? Und wer möchte Ihr Angebot gern wahrnehmen? Nur weil Sie selbst begeistert sind von Kalligrafie, muss das nicht heißen, dass in Ihrer Stadt Kalligrafie-Kurse für Kinder reißenden Absatz finden werden. Machen Sie sich also klar, wer Ihre Zielgruppe ist und was sie sich wünscht. *Definieren Sie Ihre Zielgruppe*

Definieren Sie Ihre Abnehmer so genau wie möglich. Es mag chancenreicher aussehen, wenn Sie persönliche Lebensberatung für Alt und Jung, Männer und Frauen, Karrieremenschen

Das Angebot auf die Kunden zuschneiden	oder Aussteiger anbieten. Aber Sie werden keine dieser Gruppen besonders überzeugen, wenn Sie so unspezifische Angebote machen. Trauen Sie sich, eine oder zwei klare Zielgruppen zu formulieren und diese maßgeschneidert anzusprechen. So überzeugen Sie Kunden und erleichtern sich selbst die Arbeit, weil Sie sich nicht ständig auf neue Ansprüche einstellen müssen. Wenn Sie allerdings nur wenige Großkunden haben (zum Beispiel nur zwei Unternehmen, für die Sie Personalschulungen anbieten), ist das Risiko groß, dass diese auf einmal wegfallen. Überlegen Sie, wie Sie eine Kundenstruktur aufbauen können, die für die Zukunft tragfähig ist.

Und planen Sie auch, wie Sie Ihre Kunden erreichen und von Ihrem Angebot überzeugen können. Auf welchen Wegen vertreiben Sie Ihre Produkte oder Dienstleistungen, wie erfährt der Kunde davon, mit welchen Argumenten können Sie ihn für sich gewinnen?

 Mehr zur Kundengewinnung lesen Sie ab Seite 90.

Ihre Konkurrenten

Wer sind Ihre Wettbewerber?	Fast immer werden Sie mit Ihrer Geschäftsidee nicht allein dastehen. Finden Sie heraus, wer alles Ihr Produkt schon anbietet – in Ihrer Stadt, übers Internet, bundesweit. Untersuchen Sie, wie Ihre Wettbewerber arbeiten und ob die Kunden dort schon Schlange stehen – dann ist vielleicht auch noch Platz für Sie, wenn Sie sich gut positionieren.
Warum sollten Käufer gerade zu Ihnen kommen?	Dazu brauchen Sie allerdings einen Wettbewerbsvorteil, Ihre „Unique Selling Proposition": Was ist an Ihrem Produkt so besonders, dass der Kunde Sie der Konkurrenz vorziehen sollte? Zum Beispiel: Das Produkt gibt es schon, aber nicht an Ihrem Ort. Oder: Sie erschließen einen neuen Vertriebsweg, zum Beispiel preisen Sie Ihre Sprachkurse an Tankstellen kurz vor der französischen Grenze an. Oder Sie erschließen neue Kunden, schreiben beispielsweise journalistische Texte nicht nur für die Lokalzeitung, sondern auch für die Mitarbeiter- oder Kundenzeitschrift Ihres örtlichen Kaufhauses. Oder Sie kombinieren Bausteine so, dass Ihre Kunden davon einen Nutzen haben: etwa in einem Geschäft für exotische Kochzutaten mit regelmäßigen Kochkursen.

 Mehr zum Thema Profilbildung und Spezialisierung lesen Sie ab Seite 132. Und wie Sie Ihre Vorteile auch dem Kunden klar machen, steht ab Seite 86.

Ihre Lieferanten

Wenn Sie einen Laden oder ein Lokal eröffnen möchten, müssen Sie neben den Kunden und der Konkurrenz auch noch Ihre Lieferanten frühzeitig erforschen. Woher bekommen Sie Waren und Rohstoffe preiswert, zuverlässig und in der nötigen Qualität? Wenn Sie eine Dienstleistung anbieten, werden Sie kaum Materialien benötigen, dafür aber immaterielle Werte: Informationsquellen, Netzwerke, Kontakte. Diese müssen Sie eventuell langfristig aufbauen – zum Beispiel auch durch eine vorige Zeit als Angestellter.

Woher bekommen Sie Waren oder Informationen?

Ihr Standort

Vermutlich würden Sie gern dort arbeiten, wo Sie oder Ihr Partner gerade leben, in Ihrer Traumstadt oder in der Nähe von Freunden und Familie. Berücksichtigen Sie aber auch, was der Standort für Ihre Geschäftsentwicklung bedeutet. Journalisten oder Marktforscher können noch eher dort leben, wo sie möchten, und das meiste über Telefon und Internet erledigen. Laden- oder Restaurantbesitzer sind dagegen fast völlig von der Attraktivität und Erreichbarkeit ihres Standortes abhängig. Irgendwo dazwischen liegen Berater und Trainer, die ihre Kunden oft besuchen müssen und dafür einen verkehrsgünstigen Standort brauchen.

Arbeiten am optimalen Ort

Neben Ihren Kunden müssen Sie aber auch die Konkurrenzsituation, Lieferanten und Infrastruktur beachten, um Ihren Arbeitsort optimal festzulegen. Und die oben erwähnte persönliche Neigung ist natürlich wichtig, um nicht nur Ihr Geschäft, sondern auch Ihre Motivation und Lebensqualität zu fördern.

Wichtige Fragen bei der Standortwahl sind:
- Wie viele Kunden erreichen Sie?
- Wie stark ist die Konkurrenz vertreten?
- Gibt es qualifizierte Partner oder Arbeitskräfte?
- Sind Sie für Lieferanten gut erreichbar?
- Wie hoch sind die Kosten für Miete, Lebenshaltung, Arbeitskräfte, Gewerbesteuer und anderes?
- Sind die Räume repräsentativ (wenn Sie Kunden oder Geschäftspartner empfangen müssen)?
- Sind die Räume erweiterbar?
- Welche Beratungs- und Förderangebote gibt es?
- Welche Verordnungen müssen Sie beachten?
- Wie wohl fühlen Sie sich selbst?
- Ist Ihre Familie gut aufgehoben?

Leicht erreichbar, günstig, schön

Allgemeine Tipps bekommen Sie auch im Infoletter „GründerZeiten", Nr. 42: Standortwahl, kostenlos herunterzuladen oder zu bestellen unter ✑ http://www.bmwi.de > Bestellservice > Nach Zielgruppen > Existenzgründer.

Gut versorgt im Gründerpark
Ein interessanter Standort für viele Existenzgründer sind Inkubatoren und Gründerparks. Hochschulen, Gründerinitiativen oder Wirtschaftsförderungsorganisationen haben an vielen Orten Zentren für Existenzgründer eingerichtet. Ob nun ein Team von wissenschaftlichen Mitarbeitern ausprobiert, wie eine Erfindung vermarktet werden kann, oder eine Gruppe selbstständiger Frauen gemeinsam ein Bürohaus mietet: In solchen Inkubatoren, Gründer- oder Technologieparks finden Sie günstige Räume, eine gute technische Infrastruktur und eine beflügelnde Atmosphäre. Viele dieser Zentren fördern vor allem technologieorientierte junge Unternehmen. Oft wird aber auch eine Mischung der Branchen angestrebt.

Kay Schönewerk hat sein Medienbüro im Technologiepark Leipzig eingerichtet. Welche Vorteile das bringt, lesen Sie auf Seite 154.

Weitere Informationen und Links zu einzelnen Gründerzentren finden Sie bei der Arbeitsgemeinschaft Deutscher Technologie- und Gründerzentren unter ✑ http://www.adt-online.de.

Mittel zur Marktforschung

Mafo: Fakten statt Vermutungen
Wenn Sie zuverlässige, maßgeschneiderte Daten über Ihr Geschäftsfeld brauchen, arbeiten Sie am besten mit einem professionellen Marktforschungsinstitut zusammen. Hier kann man entweder eine eigene Marktforschung in Auftrag geben (was natürlich seinen Preis hat) oder bei laufenden Umfragen einzelne Fragen mit aufnehmen lassen. Wenn Ihr Budget dafür nicht reicht, müssen Sie eigene Beobachtungen anstellen, Umfragen starten oder sich Brancheninformationen besorgen. Daten gibt es bei Kammern und Verbänden, Sparkassen und Volksbanken oder bei folgenden Stellen:

http://www.destatis.de
Beim Statistischen Bundesamt finden Sie Daten zu Beschäftigten und Umsätzen verschiedener Branchen, zu Preisen, Löhnen und Gehältern, Bildung, Kultur und vielen anderen Themen. Viele Informationen sind kostenlos zu lesen.

http://www.genios.de
Das „Portal für Geschäftsinformationen und Wirtschaftsdatenbanken" der Verlagsgruppe Handelsblatt liefert kostenpflichtige Informationen zu Unternehmen, Personen, Branchen und Märkten.

http://www.ifo.de
Das Institut für Wirtschaftsforschung liefert Daten zur Konjunktur- und Preisentwicklung und anderen Trends im Branchenvergleich. Einzelberichte der Reihe „Branchen special" sind auch bei Volks- und Raiffeisenbanken erhältlich.

http://www.gfk.de
Die Gesellschaft für Konsumforschung erstellt aktuelle Marktstudien – teils kostenlos herunterzuladen, teils gegen Gebühr zu beziehen.

Infoletter „GründerZeiten", Nr. 20: Marketing, und Nr. 28: Brancheninformation, kostenlos herunterzuladen oder zu bestellen unter http://www.bmwi.de > Bestellservice > Nach Zielgruppen > Existenzgründer.

Jens Graumann/Arnold Weissmann, Konkurrenzanalyse und Marktforschung – preiswert selbst gemacht. Landsberg/Lech: mvg-verlag 1998. ISBN 3-478-85120-3.
Uwe Kamenz, Marktforschung. Einführung mit Fallbeispielen, Aufgaben und Lösungen. Stuttgart: Schäffer-Poeschel, 2001. ISBN 3-7910-1809-4.

Einen Businessplan schreiben: So überzeugen Sie andere

Der Businessplan ist die ausformulierte und vorzeigbare Version Ihres Geschäftskonzepts. Er ist die beste Grundlage für weiterführende Beratungsgespräche mit Experten. Außerdem ist er hilfreich, um sich mit Partnern auf eine Vorgehensweise zu einigen oder erste Mitarbeiter in Ihre Geschäftsidee einzuweisen. Auch wichtige Kunden oder Lieferanten können Sie mit einer überzeugend formulierten Strategie (oder Auszügen daraus) für sich gewinnen.

Geschäftskonzept als Planungsgrundlage

Vor allem aber brauchen Sie einen strukturierten Businessplan, um Geldgeber von Ihrem Vorhaben zu überzeugen. Wer zum Beispiel Überbrückungsgeld beim Arbeitsamt beantragen will, muss ein detailliertes Geschäftskonzept vorlegen, dessen

„Gewinnplan" für Geldgeber Tragfähigkeit von einer „fachkundigen Stelle" bestätigt ist. Und wer ein Darlehen bei einer Bank beantragen will, kommt ohne Businessplan noch nicht mal zu einem Gespräch. Auch für die Teilnahme an öffentlichen Förderprogrammen muss man ein Konzept vorweisen. Wer gar auf eine Venture-Capital-Gesellschaft als Investor hofft, muss einen besonders ausgefeilten und vor allem Gewinn versprechenden Businessplan vorlegen. Ihre Kapitalgeber müssen sicher sein, dass Sie geliehenes Geld zurückzahlen können oder dass eine Beteiligung an Ihrem Unternehmen irgendwann Gewinn abwerfen wird.

 Mehr zu Finanzierungshilfen lesen Sie ab Seite 75.

Wie sieht ein Businessplan aus?

Formale Vorgaben beachten! Das Arbeitsamt schreibt für den Antrag auf Überbrückungsgeld eine bestimmte Gliederung vor, Gründerwettbewerbe haben andere Regeln als Banken. Erkundigen Sie sich also nach den Vorgaben, bevor Sie sich an die Arbeit machen. Die folgenden Tipps können nur allgemeine Hinweise sein.

Grundsätzlich gilt: Der Businessplan muss alle Faktoren berücksichtigen, die Ihre Arbeit beeinflussen werden, aber auch nicht mehr. Er sollte übersichtlich und knapp gehalten sein. 35 Seiten sind im Allgemeinen das Höchste – für einen Freiberufler können es auch zehn Seiten tun.

Präzise, sachlich, nachvollziehbar Schreiben Sie sachlich, untermauern Sie Ihre Aussagen mit Zahlen und Fakten, die Sie vorher recherchiert haben. Und: Bleiben Sie realistisch. Allzu rosige Zahlen nimmt Ihnen niemand ab. Zeigen Sie, dass Ihnen die Risiken bewusst sind und Sie eine Strategie haben, wie Sie ihnen begegnen wollen.

So könnte Ihr Businessplan aufgebaut sein:

Zusammenfassung/Executive Summary

Das Wichtigste zuerst Stellen Sie auf ein oder zwei Seiten das Wichtigste auf einen Blick dar. Banker, aber auch Arbeitsamts-Sachbearbeiter sind viel beschäftigte Leute. Sie beweisen Ihre Serviceorientierung, wenn Sie ihnen erlauben, sich in drei Minuten einen Überblick über Ihr Vorhaben zu verschaffen.

Ihre Qualifikationen

Was können Sie, was haben Sie gelernt? Liefern Sie einen Lebenslauf oder eine Beschreibung Ihrer bisherigen Erfahrungen.

Auf jeden Fall muss deutlich werden, welche fachlichen Qualifikationen Sie für Ihre selbstständige Tätigkeit mitbringen und ob Sie genug kaufmännisches Wissen erworben haben. Belegen Sie Ihre Angaben mit Zeugnissen und Bescheinigungen.

Ihre Geschäftsidee

Was möchten Sie anbieten? Was ist der besondere Nutzen Ihres Angebots, der Ihnen einen Wettbewerbsvorteil sichert? Wie wollen Sie Ihr Produkt erstellen oder Ihre Dienstleistung erbringen?

Was bieten Sie – und wer braucht es?

Ihr Markt

Wer sind Ihre Kunden? Wie hoch ist die Nachfrage nach Ihrem Angebot? Wer sind Ihre Wettbewerber? Und wie können Sie sich gegen sie durchsetzen?

Ihre Organisation

Arbeiten Sie allein? Oder gründen Sie mit Partnern, bauen Sie ein Netzwerk auf, beschäftigen Sie freie Mitarbeiter oder Angestellte? Wie sollen die Aufgaben verteilt werden?

Wie wollen Sie arbeiten?

Ihre Rechtsform

Sind Sie Einzelunternehmer, gründen Sie eine Partnerschaftsgesellschaft, GmbH oder andere Form von Unternehmen? Welche Vorteile bringt Ihre Rechtsform?

Öffentlichkeitsarbeit, Werbung, Akquise

Wie werden Sie bekannt? Auf welchen Wegen können Sie Ihre Kunden ansprechen? Welche Maßnahmen eignen sich am besten, um Ihre Zielgruppe von den Vorteilen Ihres Angebots zu überzeugen?

Finanzierung

Wie hoch sind Ihre einmaligen und laufenden Kosten zum Start und in den ersten drei Jahren? Woher soll das nötige Kapital stammen? Wovon werden Sie selbst leben? Werden Sie zu allen Zeiten Ihren Verpflichtungen nachkommen können?

Plausible Zahlen gefragt!

Umsatz- und Rentabilitätsplan

Wie viele Produkte oder Dienstleistungen wollen Sie in welchem Zeitraum verkaufen? Wie kalkulieren Sie Ihre Preise? Welcher Umsatz ergibt sich daraus, und wie viel Gewinn machen Sie? Wie sieht das Verhältnis von erzieltem Gewinn und Kosten aus? Kurz: Lohnt sich Ihr Unternehmen auf lange Sicht?

Chancen und Risiken
Könnten Sie bei erfolgreichem Start Ihr Angebot ausweiten oder neue Kundengruppen erschließen? Welche Risiken gibt es in der Anfangsphase und in späteren Jahren? Und wie könnten Sie ihnen vorbeugen oder begegnen?

Wie können Sie Ihren Businessplan noch nutzen?

Ziele laufend verfolgen

Ihr Geschäftskonzept hilft Ihnen, sinnvolle Ziele zu formulieren und den Weg dorthin festzulegen. Es hilft Ihnen auch, die verschiedenen Bereiche Ihrer Arbeit (zum Beispiel Preisgestaltung und Akquisebemühungen) aufeinander abzustimmen und Schwachstellen rechtzeitig zu entdecken.

Wenn Sie Ihr Unternehmen gestartet haben, hilft das Konzept, in der Hektik des Alltags die Richtung zu bewahren. Sie sollten es nicht nur einmal aufstellen, sondern laufend überprüfen: Haben Sie Ihre Ziele erreicht, welche Bereiche laufen gut, wo sollten Sie Schwächen ausgleichen oder Ihre Strategie ändern?

Ihr Businessplan kann weiterwachsen!

Ergänzen oder kürzen Sie Ihr Geschäftskonzept entsprechend. Sie können sich auch monatlich mit Ihrem Partner, einem anderen Selbstständigen oder einem Coach zusammensetzen, der mit Ihnen Ihre Erfolgsbilanz durchgeht. So behalten Sie laufend die Kontrolle über Ihre Arbeit und können sich gezielt weiterentwickeln.

Wer berät bei der Erstellung eines Businessplans?

Beratung zahlt sich aus

Sie können sich an viele Stellen wenden, um Ihren Businessplan überprüfen zu lassen: zum Beispiel Kammern, Berufsverbände, Businessplan-Wettbewerbe, Gründernetzwerke und -initiativen. Für die Finanzplanung werden Sie einen sachkundigen Wirtschaftsfachmann oder Steuerberater brauchen. Investieren Sie in gute Beratung, damit Sie die Weichen für Ihr Unternehmen von Anfang an richtig stellen!

Die Kosten für die Beratung können Sie von der Steuer absetzen, manche Bundesländer oder Städte zahlen einen Zuschuss. Mehr dazu lesen Sie ab Seite 41.

Lassen Sie Ihren Plan aber nicht komplett von jemand anderem erstellen. Es ist wichtig, dass Sie selbst Ihre Ziele und den Weg dahin durchdenken. Nur so können Sie im Alltag Ihre Arbeit steuern und bei Gesprächen mit Kapitalgebern und Partnern, Lieferanten oder Kunden überzeugend auftreten.

http://focus.msn.de > Beruf & Karriere > Existenzgründung
In Zusammenarbeit mit dem Bundesministerium für Wirtschaft und Arbeit liefert Focus
Online viele Tipps zur Erstellung eines Businessplans.

http://www.bizeps.de
Die Bergisch-Märkische Initiative zur Förderung von Existenzgründungen, Projekten und
Strukturen bietet unter dem Punkt Beratung und Service/Unternehmenskonzept detail-
lierte Teilfragen zur Erstellung eines Businessplans.

Bundesministerium für Wirtschaft und Arbeit: softwarepaket 6.0 für Gründer und junge
Unternehmen.
   Diese CD enthält Hilfen zur Erstellung eines Businessplans. Den „Businessplaner
Online" gibt es über die dazugehörige Website.
Kostenlos zu bestellen beim:
Bundesministerium für Wirtschaft und Arbeit
Scharnhorststraße 34–37
10115 Berlin
Tel.: 01888 615-4171
Fax: 0228 4223-462
☞ http://www.bmwi-softwarepaket.de

Einen guten Überblick bietet auch der Infoletter „GründerZeiten", Nr. 17: Businessplan, kostenlos herunterzuladen oder zu bestellen unter ☞ http://www.bmwi.de > Bestellservice >
Nach Zielgruppen > Existenzgründer.

Nils Olaf Lewe, Praxis Businessplan. Wie Geschäftsideen „laufen lernen". Würzburg:
Lexika 2002. ISBN 3-89694-298-0.
   Fred Ludolph/Sabine Lichtenberg, Der Businessplan. Professioneller Aufbau und er-
folgreiche Präsentation. Mit CD-ROM zur sofortigen Anwendung. München: Econ 2002.
ISBN 3-430-16203-3.

4. Allein oder gemeinsam:
Wie organisieren Sie sich?

Sie haben Ihre Geschäftsidee gut durchdacht und die Rahmenbedingungen geklärt? Spätestens jetzt sollten Sie sich um die
Struktur Ihres Unternehmens Gedanken machen. Können Sie
alle Arbeit allein leisten, für welche Leistungen brauchen Sie
qualifizierte Unterstützung? Und wie wollen Sie Ihr Unternehmen
organisieren?

Partner und Netzwerke:
Stufen der Zusammenarbeit

Große Freiheit oder
höhere Kapazitäten

Allein arbeiten oder mit anderen zusammen? Beides hat seine
Vor- und Nachteile. Allein können Sie frei entscheiden, Sie sind
flexibel und spontan und behalten auch die Gewinne völlig für
sich. Allerdings können Sie allein auch längst nicht so viel erreichen: Für größere Aufträge haben Sie nicht die Kapazitäten,
Sie können nicht alles gleich gut wissen, Sie können sich weniger Auszeiten leisten. Gemeinsam mit anderen lösen Sie Probleme leichter und kommen öfter auf neue Ideen.

Deswegen müssen Sie aber nicht gleich ein teures Team einstellen oder Ihre Geschäftsidee mit einem festen Partner realisieren. Überlegen Sie, welche Stufe der Zusammenarbeit am
besten zu Ihnen und Ihrem Vorhaben passt:

Netzwerke

Flexible Aufgabenverteilung
im Netzwerk

Networking wird von vielen Arbeitsforschern als der Trend der Zukunft gesehen. Gerade Selbstständige profitieren von einem
breiten Netzwerk: Sie können Aufträge gemeinsam mit anderen
realisieren oder Arbeiten outsourcen, die sie selbst nicht schaffen würden. Sie können im Gegenzug Aufträge von anderen
weitergereicht bekommen. Genauso wichtig sind auch die
Hintergrundgespräche, fachlichen Ratschläge oder Honorar-In-
formationen. Oder Sie helfen sich gegenseitig und sparen dabei

bares Geld: Der Texter liefert dem Webdesigner Werbetexte und bekommt im Gegenzug eine professionell gestaltete Internetseite.

Thorsten Kirschner hat für sein Unternehmen Virteo ein weltweites Netzwerk an Geschäftspartnern aufgebaut. Wie er das gemacht hat, lesen Sie ab Seite 140.

Nutzen Sie Ihre Beziehungen also, wo immer Sie können – die anderen machen es genauso. Halten Sie den Kontakt zu Leuten, mit denen Sie sich gut verstehen, die Sie für ihre Fähigkeiten oder ihr Wissen bewundern, die eine interessante Arbeit haben oder weitere spannende Menschen kennen. Gutes Networking funktioniert nicht erzwungen, Sie müssen sich schon gegenseitig sympathisch sein. Aber geben Sie sich im Zweifelsfall lieber etwas mehr Mühe, den anderen zum Geburtstag anzurufen, ihm interessante Informationen zu mailen, sich auf Veranstaltungen zu treffen oder miteinander essen zu gehen, weil Sie „sowieso gerade in der Gegend waren". Freunde und Verwandte, frühere Kommilitonen und Kollegen, Vereine, Berufsverbände und Gründerstammtische sind gute Quellen für Kontakte. Networking ist Teil Ihrer Arbeit – für viele Selbstständige einer der wichtigsten!

Kontaktpflege ist Teil Ihrer Arbeit!

In institutionalisierter Form wird das Networking zur Kooperation. Mehr darüber lesen Sie in der Broschüre des Bundesministeriums für Wirtschaft und Arbeit: Kooperationen planen und durchführen. Ein Leitfaden für kleine und mittlere Unternehmen. Sie können sie als PDF herunterladen unter ✑ http://www.bmwi.de > Bestellservice oder kostenlos bestellen beim
Bundesministerium für Wirtschaft und Arbeit
Scharnhorststraße 34–37
10115 Berlin
Tel.: 01888 615-4171
Fax: 0228 4223-462

Bürogemeinschaft

Enger als ein Netzwerk, aber unverbindlicher als ein gemeinsam gegründetes Unternehmen ist eine Bürogemeinschaft. Sie mieten gemeinsame Räume mit einem oder mehreren anderen Selbstständigen und teilen sich die Kosten für Telefon und Fax, Kopierer und Drucker, Teeküche und Besprechungszimmer. Sogar eine Sekretärin oder Buchhaltungskraft wird damit erschwinglich. Weitere Vorteile: Sie sind häufiger erreichbar (wenn die anderen für Sie ans Telefon gehen) und – nicht zu unterschätzen – haben Gesprächspartner für die Kaffeepause und Rat bei schwierigen Überlegungen.

Infrastruktur gemeinsam nutzen

Natürlich können Sie die Bürogemeinschaft auch nutzen, um Aufträge gemeinsam abzuwickeln. Ein Wortjournalist und ein Bildreporter könnten zu zweit eine aufwändige Reportage erstellen, zwei Meinungsforscher eine umfangreiche Befragung durchführen.

Bürogemeinschaft nur mit klaren Regeln!

Wichtig ist natürlich, dass Sie gut miteinander auskommen – und zwar auch geschäftlich. Sobald es ans Geld geht, brechen schließlich viele Freundschaften zusammen. Sorgen Sie vor: Klären Sie vorab, wie die Kosten verteilt werden, was im Fall einer Trennung passiert, wer welche Rechte hat und wer wofür haftet.

Der Übergang zu einem gemeinsamen Unternehmen ist hier fließend: Schon ohne etwas zu vereinbaren, bilden Sie und Ihre Mit-Mieter eine Gesellschaft bürgerlichen Rechts, solange es um gemeinsame Anliegen wie die Miete oder die gemeinsame Reinigungskraft geht. Überlegen Sie, ob eine andere Rechtsform für Sie nicht günstiger wäre. Mehr dazu lesen Sie im folgenden Abschnitt.

Die Rechtsform – und ihre Folgen

Was bedeutet Ihre Rechtsform für Sie?

Auf Fragen wie Haftung, Gewinnverteilung oder Entscheidungsmöglichkeiten hat die Rechtsform Ihres Unternehmens einen großen Einfluss. Fragen Sie am besten einen Steuer- oder Existenzgründungsberater, welche Rechtsform für Sie die beste ist. Denn wenn Sie sich dafür nicht bewusst entscheiden, hat Ihr Unternehmen vielleicht automatisch eine Rechtsform, die Ihnen nur Nachteile bringt.

Wichtige Kriterien für die Wahl der Rechtsform sind:

- Welche Rechtsform ist für Ihr Arbeitsgebiet erlaubt?
- Wollen Sie mit Partnern zusammenarbeiten?
- Wer soll das Unternehmen führen?
- Wie soll die Haftung geregelt sein?
- Wie soll der Gewinn verteilt werden?
- Wie können Sie Geldgeber am besten überzeugen?
- Wie viel Verwaltungsaufwand bedeutet welche Rechtsform?

Die „Ich-AG" ist keine eigene Rechtsform, sondern ein populäres (Un-)Wort für den Existenzgründungszuschuss des Arbeitsamtes. Mehr dazu lesen Sie ab Seite 77.

Einzelunternehmen

Allein sind Sie – ohne Gründungsformalitäten – ein Einzelunter- *Allein verdienen –*
nehmer. Sie haften mit Ihrem ganzen Privatvermögen für Ver- *allein verantwortlich*
bindlichkeiten, dafür steht Ihnen auch der Gewinn alleine zu.
Nur wenn Sie gewerblich tätig sind und über 30.000 Euro jährlich Gewinn machen, zahlen Sie Gewerbesteuer (ansonsten nur
Einkommensteuer – siehe aber Seite 164). Sie dürfen sich keinen Firmennamen zulegen, sondern müssen immer den eigenen
Vor- und Nachnamen (oder Ihr Pseudonym) auf Geschäftsunterlagen verwenden; ein Zusatz ist möglich. Nur wenn Sie sich als
Kaufmann ins Handelsregister eintragen lassen (was für Freiberufler wiederum nicht erlaubt ist), dürfen Sie Fantasienamen
verwenden. Als Kaufmann müssen Sie aber auch eine doppelte
Buchführung machen.

Gewerbe oder Freiberufler? Die Definitionen stehen auf Seite 9.

Partnerschaftsgesellschaft

Diese Rechtsform ist ideal für Freiberufler, und nur für diese *Flexible Form für*
Gruppe der Selbstständigen erlaubt. Sie entsteht durch einen *Freiberufler*
einfachen Vertrag mit Namen, Sitz und Tätigkeitsbereich der
Partnerschaft, Namen, Wohnsitz und Beruf der Beteiligten, die
Registrierung kostet etwa 300 Euro. Bei einer Pleite haften alle
Partner mit ihrem Privatvermögen, für persönliche Fehler eines
Partners wird allerdings nur dessen Privatvermögen – und das
Vermögen der Partnerschaft – gefährdet, der andere Partner ist
nicht verantwortlich. Die Partnerschaftsgesellschaft braucht
kein Mindestkapital, zahlt keine Gewerbe- oder Körperschafts-
steuer (siehe aber Seite 164), und die Partner können Mitglieder in der Künstlersozialkasse sein, wenn sie entsprechende Berufe ausüben. Der Firmenname muss den Nachnamen mindestens eines Partners enthalten, alle vertretenen Berufe und den
Zusatz „Partnerschaft" oder „und Partner". Für die Buchhaltung
genügt eine einfache Gewinn- und Verlustrechnung.

Die Vorteile der Künstlersozialkasse finden Sie auf Seite 81.

Gesellschaft bürgerlichen Rechts (GbR)

Wenn Sie nichts anderes vereinbaren, entsteht die GbR automa- *„Automatische"*
tisch, sobald Sie mit Partnern zusammenarbeiten. Ausnahme: *Rechtsform für Teams*

Volle Haftung in der GbR

Für kaufmännische Betriebe ist die GbR nicht erlaubt. Der Nachteil: Jeder Partner haftet mit seinem gesamten Vermögen für alle Verbindlichkeiten der GbR, auch wenn ein anderer Partner Schuld hat. Nur wenn Sie gewerblich tätig sind und über 30.000 Euro jährlich Gewinn machen, zahlen Sie Gewerbesteuer, ansonsten nur Einkommensteuer (siehe aber Seite 164). Die vollen Namen von mindestens zwei Gesellschaftern müssen im Firmennamen enthalten sein. Eine doppelte Buchführung ist nur für größere gewerbliche (oder land- und forstwirtschaftliche) GbRs zwingend. Viele wichtige Details – wie die Gewinnverteilung oder die Regelungen bei Gesellschafterwechseln – können Sie untereinander frei vereinbaren.

Gesellschaft mit beschränkter Haftung (GmbH)

Viel Bürokratie in der GmbH

Eine GmbH kann jeder Unternehmer gründen, mit Partnern oder als Einzelperson. Die Gründungsformalitäten sind allerdings aufwändig und kosten mehrere Hundert Euro. Ihr Hauptvorteil: Nur das Gesellschaftsvermögen kann bei Überschuldung verloren gehen, Ihr Privatvermögen bleibt unangetastet – die Haftung ist beschränkt. Das funktioniert in der Praxis aber nicht immer: Für einen Bankkredit werden Sie trotzdem persönlich haftend unterschreiben müssen. Um eine GmbH zu gründen, müssen Sie eine Stammeinlage von 25.000 Euro aufbringen (eventuell auch in Sachwerten). Sollte diese aufgebraucht sein, müssen Sie Insolvenz anmelden, auch wenn Ihr Unternehmen neue Einnahmen in Aussicht hat und eigentlich überlebensfähig ist. Außerdem gilt jede GmbH als Kaufmann, doppelte Buchführung ist vorgeschrieben. Je größer außerdem das Unternehmen, desto mehr Details aus der Bilanz muss es der Öffentlichkeit zugänglich machen. Neben der Einkommensteuer zahlen Sie Körperschaftsteuer und Gewerbesteuer, und das ohne Freibetrag. Informieren Sie sich vor der Gründung einer GmbH also gut über Alternativen! Eine GmbH kann jeden Namen mit dem Zusatz „GmbH" tragen.

Es gibt viele weitere Rechtsformen, wie die Aktiengesellschaft, die offene Handelsgesellschaft oder die Kommanditgesellschaft. Einzelheiten erfahren Sie in dem Buch von Thomas Münster, Die optimale Rechtsform für Unternehmer, Selbstständige und Existenzgründer. München: Redline Wirtschaft bei Verl. Moderne Industrie, 2002. ISBN 3-478-85460-1.

Eine Einführung zu Rechtsformen bekommen Sie im Infoletter „GründerZeiten", Nr. 33: Rechtsformen, kostenlos herunterzuladen oder zu bestellen unter ✆ http://www.bmwi.de > Bestellservice > Nach Zielgruppen > Existenzgründer.

Weitere Informationen finden Sie auch in der „Gründungsinformation Nr. 5: Rechtsformen im Überblick" des Instituts für Freie Berufe unter ✆ http://www.ifb-gruendung.de > Beratungsangebot > Kostenlose Gründungsinformationen.

Mitarbeiter finden: Fest oder frei?

Als Existenzgründer haben Sie wahrscheinlich nicht viel Geld für Angestellte übrig. Aber können Sie es sich leisten, 30 Stunden in der Woche mit der Buchhaltung zu verbringen, wenn Sie eigentlich Kurse konzipieren und halten sollten? Oder können Sie es sich leisten, Telefonanrufe zu verpassen, weil Sie ständig in Kundengesprächen stecken? Und wie lange halten Sie durch, wenn Sie alle Arbeiten noch am Abend und am Wochenende selbst erledigen?

Delegieren schafft Spielräume

Vorsicht und Sparsamkeit sind gerade am Anfang zwar unerlässlich. Aber versuchen Sie vor allem, effizient zu arbeiten. Und das kann auch heißen, Aufgaben möglichst bald an andere zu delegieren. Viele Unternehmer neigen dazu, ihr Unternehmen wie ihr eigenes Kind zu betrachten und jeden Schritt selbst zu überwachen (selbst wenn sie gute Mitarbeiter eingestellt haben). Damit verlieren sie aber auch wertvolle Zeit für ihre eigentliche Aufgabe: das Unternehmen als Ganzes zu steuern und Strategien für die Zukunft zu planen.

Minijobs für kleine Budgets

Sie müssen ja nicht gleich mit fünf festen Angestellten anfangen. Für regelmäßige, aber geringfügige Arbeiten könnten Sie Mini- oder Midijobs vergeben, zum Beispiel auch an Studenten. Für zeitlich begrenzte Projekte könnten Sie Praktikanten, freie Mitarbeiter oder auch Zeitarbeitskräfte beschäftigen. So zahlen Sie nur, solange auch entsprechender Umsatz da ist. Der Nachteil: Mitarbeiter mit befristeten Verträgen müssen erst eingelernt werden, während feste Mitarbeiter sich schon auskennen und laufend Ideen einbringen können.

Existenzgründern zahlt das Arbeitsamt unter bestimmten Voraussetzungen einen Zuschuss zu Mitarbeiter-Gehältern. Mehr dazu lesen Sie auf Seite 77.

Wo findet man Mitarbeiter?   Für die Personalsuche gibt es viele Wege. Kostenlos sind die Dienste des Arbeitsamtes: Sie können eine Anzeige im Stellen-Informations-Service aufgeben oder Mitarbeiter über den Arbeitgeber-Informations-Service suchen (⮑ http://www.arbeitsamt.de). Im Internet gibt es viele weitere Stellenbörsen, für Arbeitgeber sind die Anzeigen allerdings (genau wie in Printmedien) nicht ganz billig. Kontakt zu Studenten und Hochschulabsolventen bekommen Sie auch über die Careers Services oder Absolventenvereine von Hochschulen.

Lesen Sie den Infoletter „GründerZeiten", Nr. 15: Personal, kostenlos herunterzuladen oder zu bestellen unter ⮑ http://www.bmwi.de > Bestellservice > Nach Zielgruppen > Existenzgründer.
     Weitere Tipps finden Sie auch unter ⮑ http://www.akademie.de > Business > Tipps & Tricks > Personal.

5. Die Finanzierung: Hier bekommen Sie Hilfe

Für Ihre Existenzgründung brauchen Sie Geld. Nicht nur für Anschaffungen vom Computer bis zum Auto, sondern auch für laufende Kosten, wie Mieten, Telefon, Versicherungen oder gar Mitarbeiter-Gehälter müssen Sie aufkommen können. Und nicht zuletzt müssen Sie Ihren eigenen Lebensunterhalt bestreiten – und der kann in den ersten Jahren durchaus gefährdet sein, wenn Ihr Unternehmen noch keinen Gewinn erwirtschaftet.

Wissen zahlt sich aus!

Unzureichende Finanzierung ist ein Grund, warum viele junge Unternehmen scheitern. Erkundigen Sie sich daher lange vor dem Start über mögliche Finanzierungshilfen. Die meisten müssen beantragt werden, bevor Sie mit Ihrer Arbeit loslegen. Zapfen Sie möglichst viele verschiedene Quellen an. Aber achten Sie auch darauf, sich nicht zu überschulden. Ihre Ausstattung sollte mindestens zu 20 Prozent wirklich Ihnen selbst gehören (Eigenkapital).

Unterstützung vom Arbeitsamt: Mehr als die „Ich-AG"

Wer ohne Existenzgründung arbeitslos wäre und einen Anspruch auf Arbeitslosengeld oder -hilfe hätte, kann beim Arbeitsamt stattdessen eine finanzielle Förderung beantragen, um seinen Lebensunterhalt als Selbstständiger zu sichern. Einen Anspruch auf Arbeitslosengeld hat man, wenn man in den letzten drei Jahren mindestens zwölf Monate sozialversicherungspflichtig gearbeitet hat. Wer seinen Job selbst gekündigt hat, muss allerdings meist drei Monate warten, bis er Arbeitslosengeld bekommen kann.

Voraussetzung beim Arbeitsamt: Anspruch aus früherer Arbeit

Seit den Reformvorschlägen der Hartz-Kommission ist die „Ich-AG" die bekannteste Form der Förderung durch das Arbeitsamt; für Akademiker ist allerdings oft das Überbrückungsgeld interessanter, eine andere Form der Förderung, die es schon länger gibt. Faustformel: Wer einen relativ hohen Anspruch auf Arbeitslosengeld hat, wer mehr als 25.000 Euro im Jahr verdienen möchte und ein gutes Konzept aufstellen kann, ist mit dem Überbrückungsgeld besser bedient – wenn es ihm

„Ich-AG" oder Überbrückungsgeld?

bewilligt wird, denn anders als bei der „Ich-AG" liegt die Aus-
zahlung im Ermessen des Arbeitsamtes. Sie müssen sich für
eine der beiden Förderungen entscheiden, beides zusammen
oder nacheinander geht nicht.

Bei Scheitern:
Weiter Arbeitslosengeld

Das Schöne an beiden Förderungen: Sollte die Existenzgründung doch nicht klappen, kann man sich zur Not auch wieder arbeitslos melden und bekommt dann wieder Arbeitslosengeld,
die Förderung der Selbstständigkeit unterbricht nur die Bezugsdauer. So geht man mit der Existenzgründung nicht das Risiko ein, am Ende ganz mit leeren Händen dazustehen. Sie können sich noch drei Jahre nach dem Ende Ihrer angestellten Tätigkeit wieder arbeitslos melden.

Überbrückungsgeld

Überbrückungsgeld:
Nur für Neugründungen

Das Überbrückungsgeld ist eine freiwillige Leistung des Arbeitsamtes, Sie haben also keinen Anspruch darauf, dass es Ihnen gewährt wird. Sie können Überbrückungsgeld nur für eine
Neugründung beantragen; wenn Sie also vorher schon selbstständig gearbeitet haben (auch nebenbei), können Sie für die
gleiche Tätigkeit kein Überbrückungsgeld bekommen. Sie können aber (seit 2002) das Überbrückungsgeld direkt nach dem
Ende Ihrer angestellten Tätigkeit bekommen, wenn Sie sofort
selbstständig durchstarten möchten. Oder Sie beziehen erst
einmal Arbeitslosengeld und beantragen spätestens im letzten
Monat Ihres Anspruches das Überbrückungsgeld.

Klares Konzept ist Pflicht

Neben dem Budget des Arbeitsamtes (das oft zur Jahresmit-
te hin erschöpft ist) hängt der Erfolg Ihres Antrags auch von Ihrem detaillierten Geschäftskonzept ab, das Sie beim Arbeitsamt
einreichen müssen. Das Ganze muss von einer fachkundigen
Stelle als tragfähig bescheinigt werden. Eine solche fachkundige Stelle ist zum Beispiel ein Steuerberater, eine passende
Kammer, ein Berufsverband oder ein Büro für Existenzgründungen des Arbeitsamtes. Diese Stellen können Ihnen auch bei der
Formulierung Ihres Geschäftskonzeptes helfen – allerdings nur,
wenn Sie schon genug Vorarbeit geleistet haben und wissen,
was Sie können und was Sie wollen. Bis zum Bescheid, ob Ihr
Antrag bewilligt ist, können mehrere Monate vergehen.

 Mehr zur Erstellung eines Geschäftskonzepts (Businessplans) lesen Sie ab Seite 63.

Das Überbrückungsgeld wird monatlich ein halbes Jahr lang
ausgezahlt. Es ist so hoch, wie Ihr Arbeitslosengeld gewesen

wäre (Faustformel: 60 Prozent des bisherigen Netto-Monatsgehalts, 67 Prozent, wenn Sie Kinder haben). Zusätzlich bekommen Sie noch den Betrag ausbezahlt, den das Arbeitsamt sonst für Ihre Sozialversicherung ausgegeben hätte. Insgesamt beträgt damit das Überbrückungsgeld 185,5 Prozent des Arbeitslosengeldes oder 145 Prozent der Arbeitslosenhilfe – im besten Fall also fast 100 Prozent Ihres vorigen Nettoeinkommens! Und Ihr Verdienst aus der selbstständigen Tätigkeit wird (anders als beim Arbeitslosengeld) nicht darauf angerechnet; schließlich sollen Sie ja lernen, auf eigenen Füßen zu stehen. Das Geld ist steuerfrei, allerdings müssen Sie sich nun selbst um Ihre Sozialversicherung kümmern.

Hohes Startgeld

„Ich-AG"/Existenzgründungszuschuss

Die „Ich-AG" („Unwort des Jahres" 2002) heißt offiziell Existenzgründungszuschuss. Diese Förderungsvariante ist zunächst bis Ende 2005 befristet. Den Zuschuss können Sie nicht direkt nach einer angestellten Tätigkeit bekommen, Sie müssen schon mindestens einen Monat lang Arbeitslosengeld oder -hilfe bekommen haben oder in Arbeitsbeschaffungs- oder Strukturanpassungsmaßnahmen beschäftigt gewesen sein.

Anders als beim Überbrückungsgeld ist der Antrag relativ unbürokratisch, Sie müssen kein ausgefeiltes Konzept abgeben. Das Beste an dieser Förderungsart: Bei der „Ich-AG" haben Sie einen Anspruch darauf, dass Ihnen das Geld auch bewilligt wird, wenn Sie die Voraussetzungen erfüllen: Sie dürfen pro Jahr nur bis zu 25.000 Euro verdienen. Wenn Sie mehr einnehmen, endet der Zuschuss mit Ablauf des Jahres.

„Ich-AG": Einfacher Antrag

Der Existenzgründungszuschuss kann bis zu drei Jahre lang ausbezahlt werden. Im ersten Jahr bekommen Sie monatlich 600 Euro, im zweiten 360 und im dritten 240. Nach dem ersten und zweiten Jahr müssen Sie nachweisen, dass die Förderungsvoraussetzungen weiter vorliegen, damit Ihnen das Geld fürs nächste Jahr bewilligt wird. Der Zuschuss ist steuerfrei und erhöht (wie das Überbrückungsgeld) auch nicht den Steuersatz Ihrer eigenen Einkünfte.

... und überschaubare Einkünfte

Die „Ich-AG" ist keine neue Rechtsform! Sie arbeiten weiterhin als Einzelunternehmerin, Partner in einer Partnerschaftsgesellschaft oder Ähnliches. Mehr zu Rechtsformen lesen Sie ab Seite 70.

Einstellungszuschuss bei Neugründungen

Geld für neue Mitarbeiter

Wenn Ihr Unternehmen so gut läuft, dass Sie Arbeitsplätze schaffen möchten, kann das Arbeitsamt bis zu zwei Einstellungen mit einem Zuschuss fördern. Allerdings haben Sie keinen Rechtsanspruch auf diese Leistung. Voraussetzung ist, dass Ihr neuer Mitarbeiter zuvor arbeitslos war, in einer Arbeitsbeschaffungs- oder Strukturanpassungsmaßnahme beschäftigt war oder sich mit der Förderung des Arbeitsamtes beruflich weitergebildet hat.

... unter vielen Bedingungen

Und Ihr neuer Mitarbeiter muss „ohne die Leistung nicht oder nicht dauerhaft in den Arbeitsmarkt eingegliedert werden" können – Topleute werden Sie so wohl kaum finanziert bekommen. Der Arbeitsplatz muss unbefristet sein. Sie selbst dürfen sich vor höchstens zwei Jahren selbstständig gemacht haben und bis jetzt höchstens fünf Mitarbeiter beschäftigen. Wenn alle diese Voraussetzungen vorliegen, zahlt Ihnen das Arbeitsamt mit etwas Glück bis zu einem Jahr lang das halbe Gehalt Ihres Mitarbeiters.

 Weitere Informationen finden Sie in der Broschüre „was? wie viel? wer?" des Arbeitsamtes. Sie können sie beim Arbeitsamt abholen oder als PDF herunterladen unter
↪ http://www.arbeitsamt.de > Veröffentlichungen > Merkblätter.

Öffentliche Fördermittel: Programme nutzen

Förderungsprogramme über die Hausbank

Bund und Länder haben viele verschiedene Förderprogramme für Existenzgründer aufgelegt. Die Mittel werden von der neu gegründeten KfW-Mittelstandsbank (früher Deutsche Ausgleichsbank und Kreditanstalt für Wiederaufbau) vergeben. Den Antrag stellen Sie über Ihre Hausbank.

Sie können Darlehen für die Existenzgründung, aber auch für die Existenzsicherung bekommen. Leider müssen Sie – anders als beim Arbeitsamt – das Geld zurückzahlen, aber zu wesentlich günstigeren Zinssätze als auf dem freien Markt.

Die meisten dieser Förderprogramme sind für Unternehmer ausgelegt, die viel investieren, viele Arbeitsplätze schaffen und dafür auch viele Tausend Euro Eigenkapital mitbringen. Mit Kleinkrediten oder etwas fantasievolleren Geschäftsvorhaben geben sich die Förderer daher meistens nicht ab.

Mikro-Darlehen – auch nach der Gründung

Es gibt aber auch immer wieder Programme für kleinere Existenzgründungen, zum Beispiel die Mikro-Darlehen für Vorhaben bis 25.000 Euro, die Sie auch bis zu drei Jahre nach Beginn der Selbstständigkeit beantragen können.

Auskünfte bekommen Sie bei Ihrer Hausbank oder bei folgenden Stellen:

Mittelstandsbank: ⮥ http://www.mittelstandsbank.de

Bis zur endgültigen Fusionierung in der Mittelstandsbank geben sowohl DtA als auch KfW Auskünfte:

Deutsche Ausgleichsbank
Ludwig-Erhard-Platz 1–3
53179 Bonn
Telefon: 0228 831-3003
Info-Line: 0180 1 242400 (Ortstarif)
Telefax: 0228 831-3004
⮥ dtabonn@dta.de
⮥ http://www.dta.de
(mit Übersicht über Beratungszentren in ganz Deutschland)

Kreditanstalt für Wiederaufbau
Beratungszentrum Berlin
Behrenstraße 31
10117 Berlin
Telefon: 030 202645-050
Telefax: 030 202645-445
Telefonische Beratung zu Förderprogrammen:
Telefon: 0180 1 335577 (Ortstarif)
⮥ iz@kfw.de
⮥ http://www.kfw.de

Das Bundesministerium für Wirtschaft und Arbeit gibt Informationen zu den Förderprogrammen des Bundes, der Länder und der EU für Existenzgründer und kleine und mittlere Unternehmen: Verfahrenswege, Anlaufstellen und Konditionen. Auch eine persönliche Beratung ist möglich.

Telefon: 01888 615-7649, -7655
Telefax: 01888 615-7033
⮥ foerderberatung@bmwi.bund.de

In der Förderdatenbank des Ministeriums finden Sie aktuelle Förderprogramme des Bundes, der Länder und der EU sowie Links zu verschiedenen Förderorganisationen.
⮥ http://www.bmwi.de > Unternehmer > Förderdatenbank

Weitere Geldquellen: Der Mix machts

Ihren Lebensunterhalt oder auch Investitionen für das Unternehmen könnten Sie auch mit einem Nebenjob finanzieren. Und auch Preise oder Stipendien helfen, eine Durststrecke zu überbrücken.

 Mehr zu Nebenjobs lesen Sie ab Seite 13.

Familien-Darlehen:
Klare Vereinbarungen!

Besonders für niedrige Summen wenden sich viele Existenzgründer auch an Familie oder Freunde. Darlehen von Bekannten und Verwandten haben den Charme, dass sie oft unbürokratisch zu haben sind, die Zinsen niedriger und die Rückzahlungszeiträume flexibler sind als bei Banken. Aber Achtung: Halten Sie die Vereinbarungen lieber schriftlich fest, am besten mit Hilfe eines Rechtsanwalts. So sichern Sie nicht nur den Frieden in schwierigeren Zeiten, sondern vielleicht auch Ihr Unternehmen.

 Mehr über Geldquellen erfahren Sie im Infoletter „GründerZeiten", Nr. 07–08: Existenzgründungsfinanzierung, kostenlos herunterzuladen oder zu bestellen unter ⮷ http://www.bmwi.de > Bestellservice > Nach Zielgruppen > Existenzgründer.

6. Sozialabgaben und Versicherungen – günstig geregelt

Die Grundregel lautet: Als Selbstständiger müssen Sie für Ihre Absicherung selbst sorgen. Während bei Angestellten der Arbeitgeber die halben Beiträge zur Kranken-, Pflege- und Rentenversicherung zahlt sowie die Unfallversicherung alleine trägt, müssen Selbstständige dafür allein aufkommen – ein Kostenfaktor von mehreren Hundert Euro im Monat. Aber dazu gleich eine gute Nachricht: Wer hauptsächlich publizistisch oder künstlerisch arbeitet, kann die Hälfte der Beiträge als Zuschuss bekommen.

Halbe Beiträge zahlen: Die Künstlersozialkasse

Die Künstlersozialkasse ist keine eigene Krankenkasse und zapft Ihnen auch nicht noch mehr Geld ab. Stellen Sie sich die KSK als Personalabteilung eines fiktiven Arbeitgebers vor, die Ihnen einige Verwaltungsarbeit abnimmt und vor allem viel Geld spart. Die KSK zieht Ihre Beiträge zur Kranken-, Pflege- und Rentenversicherung ein und leitet sie an Ihre Krankenkasse bzw. an die Bundesversicherungsanstalt für Angestellte weiter. Bei welcher Krankenkasse Sie versichert sein möchten, entscheiden Sie selbst. Die KSK zieht dabei nur den halben Beitrag von Ihnen ein, den Rest zahlt sie dazu. Bei einem Beitragssatz von 14 Prozent Ihres Einkommens zahlen Sie also sieben Prozent selbst, die KSK die anderen sieben Prozent. Finanziert wird diese Einrichtung teils vom Staat, teils von den Unternehmen, die künstlerische und publizistische Leistungen verwerten.

Zuschüsse für Künstler und Publizisten

Natürlich kann man bei Selbstständigen nicht wie bei Angestellten vorhersagen, wie hoch das Einkommen sein wird. Im ersten Jahr geben Sie daher mit der Anmeldung bei der KSK eine Schätzung ab, wie hoch Ihr Gewinn (Einnahmen minus Ausgaben) sein wird, danach berechnet sich der Beitrag. Wenn Sie im Laufe des Jahres merken, dass Ihr Einkommen sich anders entwickeln wird, können Sie die Schätzung für die verbleibenden

Beiträge berechnen sich nach Gewinneinschätzung

Monate korrigieren. Wenn Sie dann am Ende noch etwas mehr verdient haben, ist das nicht schlimm. Falls Sie aber viel weniger verdient haben als angegeben, kann die KSK auch Geld von Ihnen zurückverlangen, weil Sie ja eigentlich weniger Geld für die Sozialversicherung hätten zahlen müssen.

KSK und Privatversicherung

Wenn Sie privat versichert sind, zahlen Sie Ihre Kranken- und Pflegeversicherung selbst, die KSK erstattet Ihnen dann den halben Beitrag – allerdings nur bis zu der Höhe, die sie zahlen müsste, wenn Sie gesetzlich versichert wären.

KSK: Pflicht oder nicht?

In die KSK kommen selbstständige Künstler und Publizisten (wie Schriftsteller, literarische Übersetzer oder Journalisten). Wenn Sie zu dieser Gruppe zählen, sind Sie nicht nur berechtigt, sondern sogar verpflichtet, sich bei der Künstlersozialkasse anzumelden. Probleme mit der Versicherung über die KSK gibt es, wenn Sie neben der künstlerischen oder publizistischen Tätigkeit zu viele gewerbliche Einnahmen haben oder insgesamt zu wenig verdienen.

Weitere Informationen bekommen Sie bei der
Künstlersozialkasse
Gökerstraße 14
26384 Wilhelmshaven
Telefon: 04421 7543-9
Telefax: 04421 7543-586
✎ *auskunft@kuenstlersozialkasse.de*
✎ *http://www.kuenstlersozialkasse.de*

Krankenkasse: Privat oder gesetzlich?

Bessere Leistungen für Privat Versicherte

Entgegen anders lautenden Gerüchten sind Selbstständige nicht verpflichtet, sich privat zu versichern. Bei der privaten Krankenversicherung bekommen Sie (je nach Tarif) meist bessere Leistungen, zum Beispiel höhere Zuzahlungen bei Sehhilfen oder Zahnersatz, Ein- oder Zweibettzimmer im Krankenhaus und oft eine bevorzugte Behandlung bei Ärzten. Dafür zahlen Sie einen Beitrag, der sich nicht nach Ihrem Einkommen, sondern nach Ihrem Gesundheitszustand richtet, zum Beispiel für einen jungen Mann rund 200 Euro im Monat. Ob das viel oder wenig ist, hängt von Ihrem Einkommen ab: Wenn Sie monatlich 1.000 Euro vor Steuern verdienen, wäre Ihr Beitrag in einer gesetzlichen Krankenkasse mit 14 Prozent Beitragssatz nur 140 Euro; wenn Sie aber monatlich 3.000 Euro verdienen, läge er schon bei 420 Euro.

Gleicher Beitrag trotz Einkommensschwankungen

Allerdings müssen Sie in der privaten Krankenversicherung für jedes Familienmitglied extra zahlen, während Sie in der gesetzlichen Ihre Kinder und nicht erwerbstätige Ehepartner kostenlos mitversichern können. Und je höher Ihr Risiko, desto teurer die Privatversicherung: Vor allem für Ältere, aber auch für Frauen (die ja schwanger werden könnten) ist eine private Versicherung oft teuer.

Familien und Frauen: Höhere Kosten

Wenn Sie sich als Selbstständiger privat versichern wollen, müssen Sie also mit einem gleichbleibend hohen Einkommen rechnen können und auch Ihre Familienplanung gut durchdacht haben. Rechnen Sie also gut nach – denn wer einmal privat versichert war, kann nur unter bestimmten Umständen wieder in die gesetzliche Krankenversicherung zurückkehren.

Weitere Informationen finden Sie auch in der „Gründungsinformation Nr. 10: Krankenversicherung für Selbstständige" des Instituts für Freie Berufe unter  http://www.ifb-gruendung.de > Beratungsangebot > Kostenlose Gründungsinformationen.

Rente und Altersvorsorge: Freiheit für später

Auch in der Rentenversicherung müssen Sie als Selbstständiger nicht unbedingt (nur) privat vorsorgen. Künstler und Publizisten, Lehrer und Erzieher sowie Gründer einer „Ich-AG" sind sogar verpflichtet, Beiträge zur gesetzlichen Rentenversicherung zu zahlen. Der Beitragssatz ist der gleiche wie bei Angestellten (im Jahr 2003: 19,5 Prozent), die Künstlersozialkasse übernimmt gegebenenfalls die Hälfte (siehe Seite 81). Wer in der gesetzlichen Rentenversicherung pflichtversichert ist, hat außerdem einen Anspruch auf staatliche Förderung im Rahmen der „Riester-Rente".

Renten-Pflichtversicherung auch für viele Selbstständige

Wer nicht versicherungspflichtig ist, kann wählen, ob er die gesetzliche Rentenversicherung nutzen oder privat vorsorgen will. Allgemein gilt: Fangen Sie frühzeitig mit der Altersvorsorge an, denn durch den Zinseffekt machen schon drei oder vier Jahre einen großen Unterschied! Wer schon mit 30 anfängt zu sparen, muss mit 75 nicht immer noch weiterarbeiten.

Und bauen Sie am besten auf mehrere Säulen, damit Ihnen nicht eine Kürzung der gesetzlichen Renten oder eine niedrigere Ausschüttung Ihrer Lebensversicherung die Alterssicherung zerschlägt. Ob Sie eher auf eine private Lebensversicherung, Fondssparen, hoch verzinste Konten oder Immobilien setzen, hängt von Ihrem eigenen Geldbedarf und Risikotyp ab.

Mehrere Säulen aufbauen!

Lassen Sie sich unbedingt beraten: nicht nur von Ihrer Bank oder von Versicherungsvertretern, sondern auch von unabhängigen Finanzberatern.

 Gute Tipps finden Sie auch in der Zeitschrift „Finanztest" (am Kiosk oder unter ⚐ http://www.finanztest.de).

Weitere Versicherungen: Risiken abwägen

Versichern ist gut – Sparen ist manchmal besser

Natürlich können Sie sich gegen viele Unglücksfälle versichern. Überprüfen Sie aber, wo dies wirklich nötig ist und wo Sie lieber etwas Geld zur Seite legen sollten, mit dem Sie kleinere Unfälle selbst ausgleichen können.

Haftpflicht: Schutz vor dem Schlimmsten

Eine persönliche Haftpflichtversicherung ist die wichtigste Versicherung, die Sie als Privatperson haben müssen. Wenn Sie mit Ihrem Fahrrad einen Unfall verursachen und jemand anders querschnittsgelähmt wird, müssten Sie ihm sonst ein Leben lang eine Rente zahlen!

Haftpflicht: beruflich und privat kombinierbar

Genauso brauchen Sie eine Berufshaftpflichtversicherung. Sie springt ein, wenn Sie im Rahmen Ihrer Arbeit Schäden verursachen, für die Sie sonst selbst aufkommen müssten. Policen gibt es ab etwa 70 Euro im Jahr, Sie können sie auch mit einer Privathaftpflichtversicherung kombinieren oder Ihren Partner mitversichern.

Sinnvoll ist ebenfalls eine Vermögensschadenhaftpflichtversicherung. Sie zahlt, wenn ein anderer durch Ihre Schuld eine Zeit lang weniger Einnahmen hat: wenn Sie als Journalist zum Beispiel kritisch (und möglicherweise falsch) über einen Arzt schreiben und diesem die Patienten wegbleiben.

Berufsunfähigkeit: Verdienstausfall verhindern

Staatliche Erwerbsminderungsrente reicht nicht

Was passiert, wenn Sie erblinden und nicht mehr arbeiten können? Vom Staat bekommen Sie allenfalls eine Erwerbsminderungsrente, und auch die nicht in jedem Fall. Um Ihren vorherigen Lebensstandard zumindest finanziell erhalten zu können, sollten Sie unbedingt eine private Berufsunfähigkeitsversicherung abschließen. Sie zahlt Ihnen eine monatliche Rente, wenn Sie durch Krankheit oder Unfall nicht mehr in Ihrem Beruf arbeiten können. Zuvor müssen Sie allerdings oft eine Gesundheitsprüfung über sich ergehen lassen, deren Ergebnis Ihre Beiträge beeinflusst. Auch deshalb sollten Sie diese Versicherung abschließen, solange Sie noch jung und gesund sind!

Berufsunfähigkeit: Früh absichern!

Unfallversicherung

Eine Unfallversicherung ist im Vergleich zur Berufsunfähigkeitsversicherung nicht ganz so wichtig. Kalkulieren Sie selbst, ob Sie die zusätzlichen Kosten und den Verdienstausfall weniger Wochen selbst tragen könnten oder ob es sich lohnt, in eine Unfallversicherung zu investieren.

Hausratversicherung

Ebenfalls wünschenswert, aber nicht unbedingt nötig ist eine Hausratversicherung, die auch Ihr häusliches Arbeitszimmer umfasst, bei größeren Betrieben eine Geschäftsinhaltsversicherung oder auch eine Betriebsunterbrechungsversicherung. Solche Policen empfehlen sich vor allem, wenn Sie viele teure Geräte, eine hochwertige Einrichtung oder wertvolle Lagerbestände besitzen. Bei einem häuslichen Arbeitszimmer können Sie den Schaden noch eher selbst verkraften, falls es Ihnen abbrennt oder der PC gestohlen wird.

Wertvolle Geschäftsausstattung versichern

Rechtsschutzversicherung

Erwägenswert ist auch eine Rechtsschutzversicherung. In der Haftpflichtversicherung ist allerdings auch schon eine Rechtsschutzversicherung enthalten, soweit es um Schadenersatzforderungen gegen Sie selbst geht. Falls Sie in einer Branche mit besonders schlechter Zahlungsmoral arbeiten, könnten Sie auch eine Forderungsausfallversicherung abschließen.

Rechtsschutz: nicht immer nötig

Weitere Informationen finden Sie auch im Infoletter „GründerZeiten", Nr. 41: Persönliche Absicherung für Existenzgründer und Unternehmer, und Nr. 24: Betriebliche Versicherungen, kostenlos herunterzuladen oder zu bestellen unter ☞ http:// www.bmwi.de > Bestellservice > Nach Zielgruppen > Existenzgründer.

7. Werben und verkaufen: Kunden finden und binden

Ihr Unternehmen steht, Sie haben sich um alle Formalitäten gekümmert und bieten glänzende Produkte oder Dienstleistungen an. Wer Ihre Zielgruppe ist, haben Sie überlegt, als Sie Ihre Geschäftsidee ausgearbeitet haben (siehe Seite 58). Dank Ihrer Marktforschung kennen Sie die Wünsche und Eigenarten Ihrer Kunden und wissen, wo Sie sie erreichen können. Jetzt müssen Sie sie „nur noch" überzeugen, Ihre Leistungen auch zu kaufen!

Ihre Botschaft: Was wollen Sie rüberbringen?

Vorteile klar formulieren

Versuchen Sie einmal, Ihre „Werbebotschaft" in wenigen Sätzen (oder Bildern) zu verpacken. Weswegen sollte man Ihr Angebot nutzen? Ihre Werbung muss zeigen, dass Sie dem Kunden einen Vorteil bieten, und einen Anreiz bieten, jetzt etwas bei Ihnen zu kaufen. Machen Sie den Kunden also neugierig – mit so klaren Aussagen wie möglich!

Eine Anzeige mit dem Inhalt „Welches Haustier passt zu uns? Beratung für Familien mit Kindern, Schwerpunkt im Mai: Nagetiere" wird nur wenige Leute interessieren – diese aber werden zugreifen. „Ich berate Sie zu allen Lebensproblemen" dagegen ist zu allgemein: Es wirkt unglaubwürdig, niemand fühlt sich speziell angesprochen. Wenn Sie wirklich ein breiteres Spektrum an Dienstleistungen anbieten, formulieren Sie lieber mehrere Werbebotschaften und vermarkten Sie Ihre Angebote auch getrennt.

Ihr Firmenname

Ihr Name als Werbebotschaft

Eine ebenso eingängige Botschaft sollte der Name Ihres Unternehmens sein. Er sollte möglichst deutlich beschreiben, was Sie anbieten; allerdings sollten Sie ihn auch nicht zu eng wählen, denn vielleicht wollen Sie Ihr Geschäftsfeld ja einmal erweitern. Auf jeden Fall muss der Name gut aussprechbar und merkbar sein. Kein anderes Unternehmen darf die Rechte daran halten – am besten auch nicht für die Internet-Adresse.

Wie Sie Ihr Unternehmen aus rechtlicher Sicht nennen dürfen, lesen Sie im Abschnitt über Rechtsformen ab Seite 70.

Ihr Corporate Design

Um Ihre Botschaft zu veranschaulichen, sollten Sie sich für Ihren öffentlichen Auftritt auch Gestaltungsrichtlinien, ein Corporate Design, zulegen. Die gleichen grafischen Elemente kehren dann in allen Ihren Werbemitteln und Geschäftsunterlagen wieder: auf Ihrer Visitenkarte, auf Briefpapier und Rechnungen, Faltblättern, Broschüren, Katalogen, Ihrer Website und gegebenenfalls auch in Ihrem Schaufenster. Zum Corporate Design gehören zum Beispiel passende Farben, ein Logo, eine Schrift oder ein Grundlayout. So erkennen Ihre Kunden Sie schneller wieder.

Gestaltungsrichtlinien sorgen für Wiedererkennung

Ihr Corporate Design sollte zu Ihrem Geschäftskonzept passen: zum Beispiel bunte Farben und geschwungene Schriften für kreative Dienstleistungen, schwarze oder blaue Druckschrift für seriöse Unternehmensberatung. Achten Sie aber darauf, dass Ihr Logo auch in Schwarz-Weiß, verkleinert und vergrößert gut aussieht und die Farben auf verschiedenen Papiersorten die gleiche Wirkung erzielen.

Aussage und Alltagstauglichkeit

Wenn Sie auch an allen anderen Punkten Geld sparen (müssen): Hier lohnt es, sich von einem professionellen Grafiker beraten zu lassen. Denn mit Ihrem Logo und Ihrem Design wollen Sie ja viele Jahre lang Kunden gewinnen.

Öffentlichkeitsarbeit: So werden Sie bekannt

Die Öffentlichkeitsarbeit (Public Relations) soll ein positives Image von Ihrem Unternehmen schaffen. Es geht nicht so sehr darum, sofort Produkte oder Dienstleistungen zu verkaufen, sondern Vertrauen und Interesse zu wecken, um darauf eine tragfähige Geschäftsbeziehung aufzubauen. Das klappt nicht von heute auf morgen, wird sich aber längerfristig auszahlen.

Langfristig Vertrauen aufbauen

Zugegeben: PR hat für viele einen negativen Klang. Aber warum sollten Sie es dem Zufall überlassen, was andere von Ihnen denken oder ob sie Sie überhaupt zur Kenntnis nehmen? Jedes erfolgreiche Unternehmen macht gute Öffentlichkeitsarbeit. Gehen Sie in dem Getöse nicht unter. Natürlich preisen Sie nichts an, was nicht der Wahrheit entspricht. Aber Sie haben

Gutes tun und darüber reden! sich viel Mühe gemacht, sich zu qualifizieren und ein attraktives Angebot auf die Beine zu stellen. Tun Sie Ihren Kunden etwas Gutes und machen Sie das auch bekannt!

Es gibt verschiedene Wege, die Öffentlichkeit über Ihre Leistungen zu informieren:

Berichte in Medien

Berichte über Ihre Arbeit Ein besonders eleganter Weg der Öffentlichkeitsarbeit ist redaktionelle Berichterstattung über Ihr Unternehmen. Sie ist glaubwürdiger als Anzeigen, kann vertiefter auf interessante Aspekte eingehen und eine persönlichere Note vermitteln. Außerdem kostet sie kein Geld – anders als teure Anzeigen oder Hochglanzbroschüren.

Welche Medien für Ihre PR? Überlegen Sie, welche Medien Ihre Zielgruppe am ehesten nutzt: Radio, Fernsehen, Zeitungen oder Internet, aber auch Anzeigenblätter, Veranstaltungsmagazine, Fachzeitschriften oder Newsletter. In diesen Medien sollte über Sie berichtet werden. Viele Zeitungen bringen Sonderveröffentlichungen, Zeitschriften Sonderhefte mit Themenschwerpunkten. Dafür werden immer wieder Ideen für Beiträge gesucht. Erkundigen Sie sich doch nach dem Themenplan für das kommende Jahr, und bieten Sie rechtzeitig (einen oder zwei Monate vorher) Ihre Geschichte an.

Welche Themen interessieren Redaktionen?

Gute Storys finden Die jüngste Existenzgründerin des Jahres – Arbeitslose nehmen ihr Schicksal selbst in die Hand – neuer Laden belebt die Fußgängerzone: Solche Themen könnten für eine Berichterstattung interessant sein. Es muss aber nicht unbedingt direkt um Ihr Unternehmen gehen: Sie können auch als Experte für Weiterbildung ein Interview über die Wahl des passenden Sprachkurses geben (oder gleich selbst einen Artikel dazu anbieten). Suchen Sie sich geeignete Anlässe, berichten Sie zum Beispiel passend zu einer Messe, die in Ihrer Stadt abgehalten wird, von Ihren einschlägigen Leistungen, tragen Sie etwas zur öffentlichen Diskussion bei.

Events und Aktionen als Aufhänger Oder Sie verlosen Gewinne beim nächsten Preisausschreiben der Zeitung. Oder Sie machen eine Veranstaltung, zu der Sie natürlich auch die Presse einladen: ein Kinderfest in Ihrem Laden, ein besonderes Essen mit Auftritten örtlicher Nachwuchskabarettisten in Ihrem Lokal. Oder Sie laden einen Journalisten ein, Sie bei Ihrer Tätigkeit zu begleiten – wenn Sie zum Beispiel chinesischen Reisegruppen die Stadt zeigen oder Sprachkurse für Asylbewerber durchführen.

Was dagegen keinen Redakteur und keinen Leser interessiert, sind Ihre persönlichen Sorgen und Frustrationen oder ein neues Beratungskonzept mit vielen soziologischen Fachbegriffen, bei dem nicht deutlich wird, was es den Klienten bringt.

Wie kommen Sie in die Medien?

Um Ihr Thema zu veröffentlichen, rufen Sie in der Redaktion an und fragen Sie, wer dafür zuständig ist. Am besten kündigen Sie dem Redakteur Ihr Thema an und fragen, ob er Interesse an weiteren Unterlagen hat. Schicken Sie dann eine Pressemitteilung. Sie fasst in wenigen Sätzen zusammen, was passiert ist, wer beteiligt ist, wo es geschah, warum und wie. Nennen Sie Ihre Kontaktdaten und liefern Sie eventuell einen längeren Text, Ihre Website oder anderes Material zur weiteren Recherche mit.

Redaktionen richtig ansprechen

Wenn Sie viel Publicity wollen und selbst keine Zeit oder kein Talent für die Pressearbeit haben, können Sie auch eine PR-Agentur oder einen freien PR-Berater mit dieser Aufgabe betrauen.

Patrick Broome verschickte bereits erschienene Artikel über seine Yoga-Schule an Medien und lud sie zu seiner Eröffnungsfeier ein. Mehr zu seinen PR-Maßnahmen lesen Sie auf Seite 148.

Öffentliche Auftritte

Damit Kunden oder Medien irgendwann von selbst auf Sie zukommen, müssen Sie in der Öffentlichkeit „sichtbar werden". Wie Sie das machen, hängt natürlich ganz von der Art Ihres Unternehmens ab. Sie können einen Tag der offenen Tür oder ein Kinderfest veranstalten. Sie können Lockangebote im Internet versteigern, eine Ausstellung beherbergen, eine Klassenfahrt oder ein Sportfest sponsern. Sie können in Vereinen, Parteien oder Initiativen aktiv werden und dabei von sich selbst erzählen. Wer weiß, vielleicht ist gerade Ihr Chornachbar Redakteur bei der Tageszeitung oder sogar Ihr nächster Auftraggeber?

Öffentlich „sichtbar werden"

Halten Sie Seminare oder Vorträge zu Ihrem Fachgebiet, zum Beispiel bei der IHK, an der Volkshochschule, Universität oder bei anderen Bildungsanbietern. Das ist Werbung, die kein Geld kostet, sondern sogar noch etwas einbringt. Auch wenn Sie für den Zeitaufwand nicht gut verdienen werden, können unter den Seminarteilnehmern neue Kunden sitzen oder Leute, die neue Kunden kennen. Stellen Sie also Ihr Arbeitsgebiet zu Beginn des Seminars kurz vor und verteilen Sie Visitenkarten oder Flyer. Na-

... zum Beispiel durch Fachvorträge

türlich muss das Seminar dann einen fachlichen Nutzen bringen, sonst kehrt sich Ihre Werbung schnell ins Gegenteil um!

 Christiane Gladen gibt Seminare bei Bildungsanbietern, um Firmenkunden für Trainings zu gewinnen. Barbara Vielhaber bringt Mittelständlern bei, wie sie professionelle Marktforschung betreiben können – natürlich auch mit ihrer Hilfe. Mehr über die Strategien der beiden Freiberuflerinnen lesen Sie auf Seite 157 und 144.

Werbung: Die Massen mobilisieren

Vor allem dann, wenn Sie Ihre Leistungen sehr vielen Kunden anbieten möchte, werden Sie um klassische Werbung nicht herumkommen. Auch hierfür gibt es viele Möglichkeiten:

Werbemittel

Vom Handzettel bis zum Plakat

Schalten Sie Anzeigen in den Medien, die Sie für Ihre Zielgruppe als interessant identifiziert haben. Oder schicken Sie Mailings (Werbebriefe) an Ihre Zielgruppe, hängen Sie Plakate auf, verteilen Sie Flyer, Broschüren oder Handzettel an Stellen, die Ihre Zielgruppe besucht. Das muss nicht immer das große Plakat an der Litfasssäule sein: Interessant geschriebene Handzettel können Wartenden beim Arzt oder beim Frisör die Zeit vertreiben, auch Fahrgästen in der S-Bahn oder an Bushaltestellen.

Gute Gestaltung muss sein!

Wenn Sie nicht selbst Profi sind, sollten Sie das Texten und die Gestaltung solcher Werbemittel einem Texter bzw. Grafiker überlassen. Lieber eine nicht ganz billige Aktion mit überwältigendem Erfolg, als halbherzige Versuche, die gar nichts bewirken und nur Arbeit machen! Und wenn Sie schon textlich Ihre Vorzüge glänzend darstellen können, sparen Sie nicht an der Gestaltung – sonst ist Ihre Werbung kein Blickfang und niemand beginnt auch nur damit, Ihren Text zu lesen.

Verwenden Sie Stichworte, die die Kunden einfangen, und erklären Sie Ihr Angebot detailliert genug, dass konkretes Interesse entsteht. Lassen Sie Bekannte oder auch Passanten die Broschüre vor dem Druck lesen. Vielleicht haben Sie einen winzigen Satz vergessen, der Ihnen selbst ganz klar war, ohne den jemand anderes Ihre Leistungen aber nicht verstehen kann.

 Weitere Ratschläge gibt es auch unter http://www.akademie.de > Business > Tipps & Tricks > Marketing und Public Relations.

Thomas Greber, Marketing für Kleinunternehmer, Freiberufler und Selbstständige. Wie Sie sich und Ihr Business erfolgreich vermarkten. Landsberg/Lech: mvg-verlag 1999. ISBN 3-478-85080-0.
Alois Gmeiner, Das Low-Budget-Werbe-1x1 für Selbstständige und Kleinunternehmer. Schritt für Schritt die besten Werbestrategien – Werbemedien – Werbemittel. München: Redline Wirtschaft bei Verl. Moderne Industrie 2002. ISBN 3-478-85470-9.

Die eigene Website

Ein Internetauftritt gehört heute fast schon dazu, wenn man ein Unternehmen betreibt – egal, ob Sie über die Website direkt etwas verkaufen wollen oder sie nur als Infoquelle für Ihre Kunden bereitstellen. Oft kommt es zwar immer noch auf das persönliche Verhältnis zu den Kunden an, zum Beispiel bei Journalisten oder Beratern. Das heißt, Sie werden allein über Ihre Website kaum einen Auftrag gewinnen können.

Werbeauftritt: Nicht nur für Online-Shops!

Dennoch lohnt sich die Investition: Sie können in kurzen Gesprächen, in E-Mails oder auf Ihrem Geschäftspapier auf die Website verweisen. Viele potenzielle Kunden werden die Gelegenheit nutzen, darauf zu surfen und sich in Ruhe über Ihr Leistungsangebot zu informieren. Am Telefon können Sie gar nicht so viel erzählen, wie Sie auf Ihrer Website unterbringen können – einschließlich Arbeitsproben oder detaillierten Produktbeschreibungen, Kundenreferenzen, Lebenslauf oder einem Pressespiegel. Auch wenn Sie Anzeigen schalten oder einen Newsletter verschicken, sollten Sie für weitere Informationen auf Ihre Website verweisen. Dort können Kunden sich dann direkt per E-Mail oder Online-Formular an Sie wenden.

Hintergrundinfos für Ihre Kunden

Wie bekommt man eine Website?

Der Aufwand für Ihren Internetauftritt muss nicht groß sein: Es gibt schon Standard-Layoutprogramme wie den Website-Creator, mit denen Sie in einer Viertelstunde ohne Programmierkenntnisse, ähnlich wie in Word, eine ansprechende Seite mit Unterseiten und Links erstellen können. Auch Programme wie Frontpage sind leicht zu lernen. Für eine individuelle Seite in Ihrem Corporate Design müssen Sie natürlich programmieren können oder einen Profi beauftragen (vielleicht auch einen Studenten). Er kann das Grundlayout der Seite einmal professionell erstellen und Sie in ein oder zwei Stunden einweisen, wie Sie die Texte bei Bedarf aktualisieren oder neue Bilder und Links einfügen können.

Es geht auch ohne Technikwissen!

Über Provider wie 1&1 WebHosting (http://www.puretec.de) können Sie schnell und kostenlos herausfinden, ob die Internet-Adresse, die Sie sich wünschen, noch frei ist. Ob Sie nun Ihren eigenen Namen nehmen, den Ihrer Firma oder Ihres Produktes – der Name sollte leicht zu merken und zu schreiben sein. Bei mehreren möglichen Schreibweisen sollten Sie lieber ebenso viele Domains bunkern und dann von den falsch geschriebenen auf die richtige weiterleiten.

Mit einer eigenen Domain haben Sie auch eine professionell wirkende E-Mail-Adresse – „meier@beratung-in-berlin.de" wirkt doch gleich viel besser als „meier@hotmail.com". Auf der Website selbst empfiehlt es sich, eine unpersönlichere Kontaktadresse wie „info@..." oder „anfragen@..." anzugeben, die Sie gelegentlich austauschen können, wenn sie von Spam-Mail überrollt wird. Auf der Kontaktseite sollte außerdem Ihre vollständige Adresse und Telefonnummer zu lesen sein.

Gesetzlich sind Sie dazu verpflichtet, solche Angaben (ein Impressum) zu liefern. Außerdem müssen Sie Ihre Steuernummer oder Umsatzsteuer-Identifikationsnummer angeben. Und da Sie theoretisch für den Inhalt von Links verantwortlich gemacht werden können, auch wenn der sich plötzlich ohne Ihr Zutun verändert, empfiehlt sich ein Hinweis wie „Hiermit erkläre ich, dass ich alle Links auf dieser Seite nach bestem Wissen zusammengestellt habe, aber keine Verantwortung für den Inhalt fremder Webseiten übernehmen kann".

Werbung für die Website

Wenn Sie direkt über die Website Kunden finden wollen, müssen Sie sie leichter auffindbar machen. Sonst landen Sie bei Suchmaschinen auf der 15. Trefferseite (wenn überhaupt) – so weit wird niemand nach Ihnen suchen. Melden Sie die Seite bei den wichtigsten Suchmaschinen an und geben Sie Schlagworte dafür ein, nach denen Ihre Kunden suchen werden. Verwenden Sie diese Schlagworte auch im Text Ihrer Website häufig, vor allem in Überschriften oder als Navigationspunkte oder Linknamen.

Sie können auch Kunden oder Kooperationspartner fragen, ob sie nicht auf Ihre Website verlinken wollen. Das führt nicht nur Interessenten zu Ihnen, sondern erhöht auch Ihren Stellenwert bei den Suchmaschinen. Schließlich sollten Sie sich selbst bei Berufsverbänden, Auftragsbörsen oder anderen Plattformen eintragen und auf Ihre Website für genauere Informationen verweisen. Oder Sie schalten eine Anzeige in einem Printmedium, die auf Ihre Website neugierig macht.

Sie können auch einen regelmäßigen Newsletter herausgeben, *Newsletter für Interessenten*
der zu Artikeln auf Ihrer Website verlinkt. Diesen sollten Sie natürlich nur an Interessenten schicken, die ihn auch wirklich be-
stellt haben. Unverlangte E-Mail-Werbung ist nicht nur kontra-
produktiv, sondern auch verboten.

Sehr gute Tipps zur Werbung über Websites und Newsletter finden Sie unter
⮑ http://www.online-marketing-praxis.de.

Akquise: So knüpfen Sie Kontakte

Vor allem Freiberufler, die ihre Leistungen wenigen Kunden anbieten, müssen diese sorgfältig aussuchen und gezielt ansprechen. Wie aber kommen Sie an die viel beschworenen „Kontakte"
heran?

Auf Messen gehen

Messen sind nicht nur für das Publikum interessant, das sich *Nutzen Sie Branchentreffs!*
über aktuelle Trends und Angebote informieren kann. Sie sind
auch eine wichtige Kontaktbörse für Geschäftsleute – und vor allem auch deshalb interessant für Sie. Einen eigenen Stand aufzubauen, ist zwar teuer und aufwändig. Es ist aber auch gar
nicht nötig: Gerade wenn Sie wenige Unternehmensvertreter ansprechen möchten, reicht es, zu geeigneten Fachmessen als Besucher zu fahren. Ihre Kunden werden dort entweder einen
Stand haben oder selbst als Besucher auf die Messe gehen. Die
Gelegenheit, sich auf eine Tasse Kaffee zu treffen und über eine
mögliche Zusammenarbeit zu sprechen!

Unter ⮑ http://www.expodatabase.de oder ⮑ http://www.messen.de können Sie
Messen nach Branchen, Ort und Zeit suchen.

Die Wochen vor einer solchen Messe sind ein guter Zeitpunkt, *Messen vor- und*
potenzielle Kunden anzurufen oder anzuschreiben und ein Tref- *nachbereiten*
fen auf der Messe vorzuschlagen – die Hemmschwelle ist so ge-
ringer, weil es Ihre Gesprächspartner kaum zusätzliche Mühe
kostet.

Überlegen Sie vorher gut, was Sie besprechen möchten, nehmen Sie Werbematerial oder Arbeitsproben mit. Und bereiten

Sie die Messe nach: Ein paar Tage nach dem Treffen sollten Sie Ihre neuen Kontakte wieder anschreiben oder anrufen, sich für das Gespräch bedanken und versuchen, die weitere Zusammenarbeit zu besprechen.

Empfehlungen nutzen

Referenzen sammeln

Sobald erste Kunden mit Ihnen zufrieden sind, sollten Sie diesen Erfolg nutzen. Fragen Sie Ihre Kunden, ob Sie bei Bedarf auf sie als Referenz verweisen dürfen. Von besonders zufriedenen Kunden könnten Sie Zitate über den Erfolg der Zusammenarbeit sammeln und sie in Werbematerialien veröffentlichen. Am glaubwürdigsten wirken Testimonials mit Foto und Namen des Kunden – das müssen Sie natürlich vorher mit ihm abstimmen. Außerdem können Sie Ihre Kunden ruhig bitten, Sie anderen weiterzuempfehlen. Dies ist die beste Werbung, die Sie überhaupt bekommen können! Um Ihren Kunden dafür einen Anreiz zu bieten, können Sie auch ein Bonussystem für Weiterempfehlungen einführen. Ein Beispiel: Schüler, die fünf Freunde für Ihren Sprachkurs rekrutieren, können selbst kostenlos teilnehmen.

Ähnlich wichtig: private Empfehlungen

Nutzen Sie außerdem auch Ihr privates Netzwerk. Auch Ihren Freunden und Verwandten können Sie immer wieder Interessantes von der Arbeit oder von Ihren Plänen erzählen. Wenn diese auf einen potenziellen Kunden für Sie treffen, werden sie ihm sofort Ihre Leistungen empfehlen! So kommen Aufträge fast von selbst auf Sie zu.

Agenten arbeiten lassen

Vermarktung gegen Provision

Wenn Ihnen selbst das Verkaufen gar nicht liegt oder Sie sich in der Branche noch zu wenig auskennen, können Sie auch professionelle Agenten mit der Vermarktung Ihrer Arbeit beauftragen. Diese vermitteln Ihnen Kunden gegen Provision (15 bis 25 Prozent des Auftragswertes) oder übernehmen sogar die gesamte Auftragsabwicklung, von den Verhandlungen bis zur Rechnungsstellung. Recht bekannt ist dieses Verfahren zum Beispiel im Verlagswesen: Literaturagenten vermitteln zwischen Autoren und Verlagen, manche übernehmen sogar die Prüfung und Redaktion des Manuskriptes.

 Eine Datenbank mit Literatur-Agenturen finden Sie unter ☞ http://www.litscage.de.

Einen Agenten zu beschäftigen hat zwei große Vorteile: Sie können sich auf Ihre fachliche Arbeit konzentrieren; und Sie kommen vielleicht an Kunden heran, zu denen Sie sonst nie Kontakt aufgebaut hätten. Vielleicht machen Sie sogar trotz der Provision mehr Gewinn, weil der Agent geschickter verhandeln kann als Sie. Natürlich gibt es auch Nachteile: Sie sind in gewisser Weise vom Agenten abhängig und haben auch nicht immer den direkten Draht zum Auftraggeber, der für die Arbeit oft sehr nützlich ist. Außerdem müssen Sie selbst erst einen Agenten überzeugen, dass Sie ein lohnender Kandidat für seine Kartei sind. Wenn er nicht glaubt, dass Ihre Arbeit Gewinn verspricht, wird er sich nicht sehr für Ihr Fortkommen engagieren. Zahlen Sie auch keinem Agenten Geld, bevor er Ihnen keine Umsätze verschafft hat – es ist nicht gesichert, dass sich eine solche Vorleistung für Sie irgendwann rentiert.

Lohnt sich ein Agent für Sie?

Projektbörsen sichten

Besonders in der IT-Branche, aber auch für Medien und Werbung gibt es einige interessante Projektbörsen im Netz, in denen Sie nach Aufträgen stöbern oder Ihre eigenen Leistungen anbieten können. Allerdings sollten Sie sich nicht darauf verlassen, dass Sie damit viel Geld verdienen werden: Persönliche Akquise ist immer noch wichtiger. Hier einige Beispiele für Projektbörsen, die für Geistes- und Sozialwissenschaftler interessant sein können:

Aufträge aus dem Netz

http://www.projektwerk.de
Auf dieser Site können Sie sich mit Ihrem Leistungsprofil registrieren, um kostenlos Kontakte zu Gründungen, Kooperationen, künstlerischen, gemeinnützigen und „Low-Budget"-Angeboten zu bekommen. Wer lukrativere Aufträge sucht, muss sich mit drei Kundenreferenzen dafür qualifizieren und bei erfolgreicher Vermittlung eine Provision zahlen.

Für alle mit Referenzen

http://www.lektorat.de
Auf diesem Portal können Auftraggeber nicht nur Lektoren und Korrektoren finden, es verlinkt auch zu weiteren Datenbanken für Übersetzer, Autoren, Werbetexter, freie Redakteure, Literaturagenten und Druck-Dienstleister.

Für Lektoren und Schriftsteller

http://www.dozenten-boerse.de
Dozenten, Trainer, Berater und Coaches können sich hier über ein kostenloses „Schnupper-Abo" in der Kontaktbörse präsentieren. Für etwa 12 Euro im Monat können sie weitere Werbemöglichkeiten nutzen und an Ausschreibungen teilnehmen.

Für Dozenten und Berater

Für Werbung und PR

Diese Internetplattform gehört zur Werbezeitschrift Horizont. Sie können gratis Informationen und Arbeitsproben hinterlegen und Aufträge aus der Werbebranche suchen. Über den Punkt „News-Abo" können Sie die wöchentlichen „Career News" bestellen, die Ihnen die Anzeigen für feste und freie Jobs ins Haus liefern.

Verkaufsgespräch: Von der Anfrage bis zum Abschluss

Die richtige Verkaufsstrategie

Bei der Ansprache von Kunden gilt das Gleiche wie bei Bewerbungen: Massensendungen bringen nichts, wenn es um größere Entscheidungen geht. Lieber wenige Kunden gezielt und überzeugend ansprechen als viele wirkungslos!

Ob Sie nun zuerst anrufen, eine E-Mail schicken, Briefe versenden oder Menschen persönlich treffen, hängt von den Gelegenheiten und auch von Ihrem persönlichen Geschmack ab. Es gibt aber viele grundsätzliche Regeln, die auf alle diese Wege der Kontaktaufnahme zutreffen:

Informieren Sie sich über Ihren Kunden!

Versuchen Sie, den besten Ansprechpartner herauszufinden. Rufen Sie zum Beispiel in der Zentrale des Unternehmens an und fragen Sie, wer für die Schulung von Mitarbeitern zuständig ist (oder was immer Sie anbieten möchten). Je mehr Informationen Sie im Vorfeld bekommen, desto besser: Vor- und Nachnamen des Ansprechpartners (richtig geschrieben!), E-Mail-Adresse und Telefonnummer, die beste Zeit zum Anrufen und vielleicht sogar einen ersten Hinweis, ob für Ihr Angebot Interesse besteht und in welcher Richtung.

Anschreiben formulieren

Im Anschreiben Interesse wecken

Wenn Sie zunächst eine E-Mail schicken, muss schon der Betreff möglichst plastisch formuliert sein. Was Sie leisten können, haben Sie ja schon bei der Bestimmung Ihrer Werbebotschaft definiert. Wenn möglich, können Sie das Angebot auch noch auf Ihren Gesprächspartner abstimmen: „Südafrika-Reportage für Ihre Reisebeilage" klingt verlockender als „Themenvorschlag" oder gar „Anfrage".

Schreiben Sie den Text der E-Mail dann so kurz wie irgend möglich. Am besten sollte der Leser noch ohne Scrollen erfassen können, worum es geht. Für weitere Informationen können Sie auf Ihre Website verweisen oder ankündigen, dass Sie in den nächsten Tagen anrufen werden. Natürlich dürfen Ihre vollständigen Kontaktdaten nicht fehlen. Angehängte Dokumente sollten Sie ungefragt lieber nicht verschicken – viele Empfänger fürchten Viren oder lange Ladezeiten und öffnen solche Anlagen nicht.

Erste Infos kurz halten

Ähnliches gilt für Postsendungen: Fassen Sie sich kurz, sparen Sie dem Empfänger Zeit und sich selbst Kosten, und fassen Sie lieber ein paar Tage später nach. Bei echtem Interesse können Sie dann Ihre ausführlichen Informationsmaterialien nachreichen.

Telefonisch Kontakt aufnehmen

E-Mails oder Briefe sind gut, damit der andere etwas in der Hand hat. Lassen Sie ihn einen bis drei Tage über Ihr Angebot nachdenken. Danach sollten Sie anrufen und nachfassen.

... später gezielt nachfassen

Ein solches Telefonat kann gleich ein Verkaufsgespräch werden. Bereiten Sie sich also gut darauf vor: Notieren Sie Ihre Argumente auf einem Zettel, schreiben Sie den Namen des Ansprechpartners groß darüber. Und machen Sie sich klar, was Sie erreichen wollen. Wenn Sie Glück haben, hat der andere Interesse und will Konkretes wissen: Wann könnten Sie vorbeikommen, wie viel können Sie liefern, was kostet es? Halten Sie also auch Ihren Terminkalender und Ihre Preislisten bereit.

Wenn Sie zum ersten Mal anrufen, fassen Sie sich zunächst kurz. Erklären Sie in wenigen Worten, wer Sie sind und was Sie zu bieten haben. Verweisen Sie auf Ihre vorigen Schreiben, wenn Sie welche geschickt haben. Fragen Sie, ob der andere Zeit für ein Gespräch hat. Wenn nicht, lassen Sie sich einen anderen Termin nennen, zu dem Sie anrufen könnten. Wenn Sie es nicht schon vorher getan haben, können Sie für die Zwischenzeit anbieten, erste Infomaterialien zu schicken oder eine E-Mail mit Verweis auf Ihre Website. Dann kann Ihr Gegenüber sich in Ruhe einlesen und sieht Ihrem nächsten Anruf (mit etwas Glück) interessiert entgegen.

Der erste Anruf

Von Ihrer Seite aus sollten Sie zunächst versuchen, den Kunden inhaltlich für Ihre Leistungen zu begeistern. Erst wenn er von der Attraktivität Ihres Angebots und von Ihrer Qualifikation überzeugt ist, sollten Sie über Geld reden. Nur so können Sie für gute Arbeit auch einen guten Preis durchsetzen.

Positive Stimmung schaffen

Für gute Verkaufsgespräche gibt es ein paar Grundregeln, mit denen Sie viel erreichen können.

Nennen Sie Ihren Gesprächspartner öfters beim Namen. „Hallo Herr Schmidt, schön, dass Sie zurückrufen" wirkt noch herzlicher als „Oh ja, schön, dass Sie zurückrufen".

Bei Verhandlungen nicht laut nachdenken!

Lächeln Sie. Auch am Telefon. Man hört es Ihrer Stimme an. Versuchen Sie immer, eine positive Grundstimmung zu verbreiten – auch wenn Sie gerade keine Lust mehr haben oder sich nicht sicher sind, ob das Gespräch zu etwas führt. Wenn Sie ein Angebot bekommen und Zweifel haben, ob es Ihnen passt, zeigen Sie erst einmal Interesse und bitten Sie nur um kurze Bedenkzeit (zum Beispiel, um Ihre Termine zu überprüfen). Wenn Sie von vornherein zustimmen, aber das zögerlich, wird der Kunde sich Gedanken machen, ob das die richtige Entscheidung war.

Geben Sie Ihrem Gesprächspartner das Gefühl, dass Sie gern für ihn arbeiten würden – aber nicht, dass Sie verzweifelt Aufträge suchen. Das wirft kein gutes Licht auf die Qualität Ihrer Arbeit. Drängen Sie auch niemanden zu einer Entscheidung, wenn er noch nicht soweit ist.

Verhandlungen voranbringen

Wichtige Kunden persönlich besuchen

Bei wichtigen Kunden oder Projekten lohnt es, auch einen persönlichen Termin für die Akquise zu vereinbaren. So können Sie leichter den Draht zu Ihrem Gesprächspartner finden und erfahren genauer, was er sich von Ihnen wünschen würde. Außerdem bleiben Sie so besser in Erinnerung. Und jemand, den Sie persönlich besucht haben, fühlt sich auch eher verpflichtet, sich für Sie zu entscheiden.

Nehmen Sie im Laufe der Verhandlungen immer wieder Bezug auf den Stand der Dinge. Machen Sie sich vor jedem Gespräch klar, was bisher gesagt wurde und was Sie diesmal erreichen möchten. So geben Sie dem anderen das Gefühl, dass Sie sich ganz auf ihn und seine Bedürfnisse konzentrieren. Den gleichen Service kann er dann auch von Ihrer eigenen Arbeit erwarten.

 Christiane Gladen hat eine Vertriebstabelle angelegt, in der sie alle Daten ihrer Geschäftspartner festhält. Mehr über ihre Strategie lesen Sie auf Seite 157.

Finden Sie für Gespräche immer einen guten Abschluss, zum Beispiel: „Vielen Dank, dann schicke ich Ihnen die Informationen zu und rufe übermorgen wieder an". Es sollte immer deutlich werden, wie die Verhandlung weitergeht.

Und wenn es nicht geklappt hat: Lernen Sie, mit Absagen zu leben. Nehmen Sie sich vor, zehn potenzielle Auftraggeber anzurufen, und seien Sie zufrieden, wenn einer davon in absehbarer Zeit etwas von Ihnen kauft. Mit etwas Hartnäckigkeit werden Sie noch 30 andere finden, die Sie ansprechen können. Und vielleicht hat von den Spontan-Ablehnern in einem halben Jahr doch noch einer Interesse, wenn Sie wieder anrufen. *Mit Absagen leben*

Also: Eigentlich können Sie ganz entspannt bleiben. Sie haben eine ungleich bessere Position als jemand, der zum Beispiel einen Job sucht. Schließlich sind Sie von einem Kunden (oder Nicht-Kunden) nicht abhängig. Natürlich sollten Sie sich trotzdem um ihn bemühen – aber eben mit der richtigen Gelassenheit.

Wenn Sie viel Akquise selbst machen, lohnt es, ein Verkaufstraining oder eine Telefonschulung mitzumachen. Diese bekommen Sie bei Berufsverbänden, Kammern, Volkshochschulen und kommerziellen Trainern. *Akquise kann man lernen!*

Infoletter „GründerZeiten", Nr. 37: Kunden gewinnen, kostenlos herunterzuladen oder zu bestellen unter ✆ http://www.bmwi.de > Bestellservice > Nach Zielgruppen > Existenzgründer.

Allan S. Boress, Jetzt brauche ich Aufträge! Wie Dienstleister, Selbstständige und Freiberufler ihre Auftragslage stabilisieren, neue langfristige Kundenbeziehungen aufbauen und erfolgreich am Markt bestehen. München: Redline Wirtschaft bei Verl. Moderne Industrie, 4. Auflage 2002. ISBN 3-478-85540-3.

Kundenbindung: So kommen Folgeaufträge

Jeder Unternehmer weiß: Es ist leichter, einem alten Kunden wieder etwas zu verkaufen, als neue Kunden zu gewinnen. Deshalb sorgen Sie dafür, dass alte Kunden wiederkommen: indem Sie auf ihre Bedürfnisse eingehen und genau den Service liefern, den sie brauchen. *Stammkunden: ein wichtiges Ziel*

Gut zusammenarbeiten

Richtige Kunden-kommunikation

Die Art, wie Sie einen Auftrag abwickeln, kann genauso über Folgeaufträge entscheiden wie die Qualität Ihrer Arbeit selbst. Mit wem man nicht gut „kann", den wird man nach Möglichkeit nicht mehr beauftragen, auch wenn das Ergebnis eigentlich gut war! Finden Sie heraus, wie Ihre Kunden am liebsten kommunizieren. Manche erinnern sich nur an Sie, wenn Sie persönlich vorbeikommen, manche telefonieren am liebsten abends, manche lesen ihre E-Mails nur am Wochenende. Halten Sie sich an diese Kommunikationsstile und versuchen Sie, den richtigen Moment für Ihre Mitteilungen zu erwischen.

Reklamationen offen begegnen

Bei längeren Projekten halten Sie den Kunden auf dem Laufenden, wie weit Sie mit der Arbeit sind. Liefern Sie pünktlich, oder wenn das doch einmal nicht geht, sprechen Sie rechtzeitig darüber. Probleme unter den Teppich kehren hilft selten – eine offene Aussprache dagegen schon.

Auch mit Reklamationen sollten Sie offen umgehen. Versuchen Sie, eine gemeinsame Lösung zu finden. Wenn der Kunde Ihnen wichtig ist, sollten Sie natürlich eher kulant sein. Aber lassen Sie sich auch nicht ausbeuten: Wer ständig nörgelt oder im Grunde kostenlose Zusatzleistungen von Ihnen fordert, mit dem wollen Sie selbst vielleicht nicht länger zusammenarbeiten.

Bei guten Firmenkunden versuchen Sie, mehrere Ansprechpartner im Unternehmen aufzubauen. Falls einer dann das Unternehmen verlässt, können Sie Ihre Arbeit leichter fortsetzen.

Service bieten

Helfen Sie weiter – auch durch Empfehlungen!

Ihr Kunde sollte Sie immer als nützliche Anlaufstelle wahrnehmen. Das heißt: Auch wenn Sie eine Arbeit selbst nicht leisten können, helfen Sie ihm weiter! Geben Sie ihm Tipps, oder empfehlen Sie ihm andere Dienstleister, natürlich vorzugsweise solche, zu denen Sie ein gutes Verhältnis haben. Sie verlieren dadurch nichts – wenn Sie selbst den Auftrag nicht annehmen können, wird der Kunde auf jeden Fall jemand anderen suchen. Besser, er hat die Information von Ihnen und ist Ihnen dafür dankbar, genauso wie der andere Selbstständige, der den Auftrag bekommt. Das ist echtes Networking – in ein paar Wochen könnten Sie selbst auf diesem Weg einen neuen Auftrag „zurück" bekommen.

Versuchen Sie, die Bedürfnisse Ihres Kunden zu verstehen und seine Probleme zu lösen. Bieten Sie ihm zusätzliche Informationen an, schicken Sie auch einmal unverlangt etwas Nützliches zu. So wird er wieder an Sie denken, wenn er eine Arbeit zu erledigen hat.

Problemlösungen bieten

Beziehungen steuern

Überhaupt brauchen Sie nicht still im Büro zu sitzen und zu hoffen, dass Ihr Lieblingskunde wieder anruft. Nehmen Sie selbst immer wieder Kontakt auf! Als Journalist können Sie aktuelle Themen anbieten, als Dozent neue Seminarkonzepte vorstellen. In jedem Geschäftsfeld können Sie Nachrichten und Hintergrundberichte zu Ihrem Fach sammeln und an den Kunden weiterleiten, mit einem maßgeschneiderten Kommentar, was das für seine Arbeit bedeuten kann. Rufen Sie immer wieder an, teilen Sie Ihre Freude mit, wenn ein Auftrag gut geklappt hat, fragen Sie nach, wie die Projekte laufen, die beim letzten Gespräch erwähnt wurden.

Bleiben Sie im Gespräch!

Auch wenn Sie kein konkretes Thema zu besprechen haben, können Sie anbieten, sich mal wieder zu treffen, weil Sie „sowieso gerade" in seine Gegend müssen. Und natürlich können Sie zu Weihnachten oder zu Geburtstagen Grüße versenden, den Relaunch Ihrer Website bekannt geben, neue Sonderangebote vorstellen und und und. So fällt dem Kunde bei neuen Aufträgen gleich Ihr Name ein – und vielleicht kommen Sie auch gemeinsam darauf, dass Sie ja noch einiges für ihn tun könnten.

Anlässe nutzen – und selber schaffen

Wie die Publizistin Dagmar Giersberg ihre Kontakte pflegt und neue Aufträge bekommt, lesen Sie auf Seite 137.

8. Geld verdienen: Preise und Aufträge

Sie haben mit Kreativität und Kommunikationstalent Ihre Geschäftsidee an den Mann gebracht – jemand möchte etwas von Ihnen kaufen. Doch was verlangen Sie eigentlich dafür? Wie gestalten Sie Verträge, wie rechnen Sie Projekte ab? Schwierige Fragen, die viele sogar als unangenehm empfinden – aber Ihre Chance, die Preise so zu gestalten, dass die Arbeit nicht nur Spaß macht, sondern sich auch finanziell für Sie lohnt.

Preiskalkulation: Das können Sie verlangen

Kriterien für die
Preisgestaltung

Bei der Kalkulation Ihrer Preise sollten Sie nach drei Kriterien vorgehen: Was brauchen Sie selbst, was ist allgemein üblich, und was kann der Kunde zahlen? Am besten berücksichtigen Sie alle drei Faktoren und schlagen noch ein paar Prozent oben drauf, wenn Sie Ihre ersten Forderungen aufstellen. Dann haben Sie Verhandlungsspielraum nach unten. Und außer bei Projekten, die Ihnen sehr viel Prestige einbringen, sollten Sie eines nie tun: für einen Preis arbeiten, der Ihnen selbst nur Verluste einbringt. Es geht schließlich um Ihren Beruf – Geschenke machen können Sie in der Freizeit.

Was brauchen Sie?

Der Preis muss Ihre
Kosten decken

Sie müssen wissen, wie viel Geld Sie brauchen, um Ihre laufenden Kosten zu decken, also liquide zu bleiben. Das umfasst sowohl Ihre privaten Kosten zum Leben als auch die Kosten, um Ihr Geschäft am Laufen zu halten.

Stellen Sie am besten schon vor der Gründung eine Übersicht auf: Wie hoch sind Ihre Kosten jeden Monat, zum Beispiel für die Miete und Essen, Fahrtkosten, Krankenversicherung und Altersvorsorge? Welche jährlichen Kosten kommen hinzu, etwa für Versicherungen, Mitgliedschaften, Weiterbildung oder Urlaub? Mit welchen größeren Anschaffungen müssen Sie alle paar Jahre rechnen, zum Beispiel einem neuen Computer oder Auto? Es lohnt, für die privaten Ausgaben ein paar Monate ein detailliertes Haushaltsbuch zu führen, in dem Sie Ihre Ausgaben nach Kategorien sortiert notieren. Ähnlich gründlich sollten Sie Ihre geschäftlichen Ausgaben untersuchen (Buchführung müssen Sie hier sowieso machen). Dann können Sie auch Ihre variablen Kosten besser einschätzen: Wie stark schwanken zum Beispiel Telefonrechnung oder Tankausgaben je nach Auftragslage? So haben Sie einen Überblick, was Sie verdienen müssen.

Ermitteln Sie Ihren Bedarf – auch privat!

Wenn Sie beispielsweise netto 1.500 Euro im Monat brauchen und etwa 50 Stunden Schulungen im Monat halten, müssten Sie pro Stunde Schulung 30 Euro verdienen – allerdings netto. Mit Einkommensteuer und Sozialversicherung macht das schon fast das Doppelte aus, plus Mehrwertsteuer. Der Stundenlohn wirkt hoch – aber dafür leisten Sie auch viele Stunden unbezahlte Vorbereitungsarbeit, müssen für Ihre Weiterbildung selbst aufkommen und sich für Krankheitszeiten absichern.

Stundenlöhne kalkulieren

Wenn Sie Produkte verkaufen, für die Ihnen außer der Arbeit noch weitere Kosten entstehen, muss der Verkauf diese Kosten natürlich decken und dann noch einen Gewinn erwirtschaften, der auch Ihren Arbeitseinsatz rechtfertigt.

Mit einem Online-Schema der Zeitschrift Impulse können Sie Ihren Kapitalbedarf systematisch ermitteln: ☞ http://www.impulse.de/gru/kap/137825.html
Der Brutto-Netto-Gehaltsplaner berechnet aus Ihrem Brutto- das Nettoeinkommen und umgekehrt. Als Selbstständiger können Sie allerdings die Arbeitslosenversicherung noch herausrechnen. Zu finden unter ☞ http://finanzen.focus.msn.de > Steuern > Gehaltsplaner.

Was ist marktüblich?

Für die meisten Produkte und Dienstleistungen gibt es marktübliche Preise. Es hilft, sich daran zu orientieren – Sie haben eine gewisse Sicherheit und können auch dem Kunden gegenüber damit argumentieren. Allerdings kann es sein, dass Ihre Leistungen sich von den „marktüblichen" wesentlich unterscheiden. Sie bieten bessere Qualität, schnelleren Service oder können Zusatzarbeiten vermitteln? Dann sollten Sie dies deutlich machen – und höhere Preise fordern.

Der Preis muss sich im Wettbewerb behaupten

Für Journalisten, Lektoren, Schriftsteller, Übersetzer, PR-Fachleute und Werbetexter gibt es Honorarempfehlungen und -umfragen. Die Daten können Sie nachlesen unter ☞ http://www.mediafon.net. Für Journalisten wird zum Beispiel ein Tagessatz von 310 Euro empfohlen und ein Stundensatz von 50 Euro (wer Sie also tageweise bucht, bekommt Rabatt). Auch Berufsverbände geben Honorarempfehlungen heraus. Die Adressen finden Sie im Anhang.

Übliche Honorare kennen

Gehälter von Angestellten: nur grobe Richtschnur	Wenn es für Ihren Bereich keine Honorarübersichten für Selbstständige gibt, können Sie auch erkunden, welches Gehalt Angestellte beziehen, die ähnlich qualifizierte Arbeiten ausführen wie Sie. Deren Stundenlohn würde für Sie aber nur gelten, wenn Sie ebenso 40 Stunden die Woche und 52 Wochen im Jahr bezahlt würden. Sie selbst verwenden aber viele Stunden auf unbezahlte Tätigkeiten wie Akquise, Kontaktpflege, Ideensammlung, Buchführung oder auch Urlaub und Krankheit. Den Verdienstausfall in diesen Zeiten müssen Sie durch höhere Honorare in den bezahlten Stunden ausgleichen.

Was kann der Kunde zahlen?

Der Preis muss zum Abnehmer passen	Grundsätzlich gilt: Unternehmen haben meist mehr Geld als Privatkunden oder Behörden, größere Betriebe mehr als kleinere. Sie können also durchaus unterschiedliches Geld verlangen. Ein Unternehmen sollte für einen PR-Artikel mehr zahlen als eine kleine Tageszeitung für einen ähnlichen redaktionellen Artikel. Für einen Kurs an der Volkshochschule werden Sie weniger bekommen als für eine firmeninterne Schulung. Auch das ist ein Grund, eine gute Mischung an Kunden anzustreben – manche Arbeiten machen vielleicht mehr Spaß oder bringen mehr Ansehen ein, aber wenn sie schlechter bezahlt sind, müssen Sie sich finanzstarke Kunden zum Ausgleich suchen.

Preisgestaltung und Preisverhandlung

Mehr Geld für mehr Leistung	Manchmal gibt es bei Preisen keinen Spielraum. Aber auch wenn Sie mit einem niedrigen Honorar einsteigen, sollten Sie nach einiger Zeit versuchen, die Preise zu erhöhen. Ihre persönlichen finanziellen Engpässe zählen allerdings als Argument nicht. Argumentieren Sie lieber mit der Qualität Ihrer Arbeit, mit Zuverlässigkeit und Extra-Services.
	Der Kunde wird umso eher bereit sein, mehr zu zahlen, je mehr er von Ihrem Angebot überzeugt ist. Weisen Sie sich als Spezialist aus, bringen Sie Referenzen bei. Vereinbaren Sie vielleicht ein paar Schnupperaufträge zum Einstiegspreis und legen Sie fest, dass dieser bei Zufriedenheit des Kunden erhöht wird.
Rechnet sich ein Rabatt?	Sie können Kunden auch mit Rabatten anlocken, aber nur, wenn sie im Gegenzug wirklich größere Aufträge vergeben und diese nicht erst ganz am Ende bezahlen. Bei regelmäßigen Aufträgen können Sie effizienter arbeiten, sparen sich die Akquisezeit und machen vielleicht trotz Rabatt noch einen höheren Gewinn.

Preiserhöhungen können Sie auch ganz dezent erreichen: indem *Indirekte Preiserhöhungen*
Sie von Neukunden etwas mehr fordern, als Ihr letzter Kunde
noch akzeptiert hat; indem Sie für den gleichen Preis etwas weniger Leistung anbieten oder auch indem Sie Leistungen stan-
dardisieren, das heißt: einmal die Arbeit damit haben und sie
dann immer wieder neu verkaufen.

Weitere Informationen finden Sie auch in der „Gründungsinformation Nr. 8: Preisfindung
für Existenzgründer" des Instituts für Freie Berufe unter ☞ http://www.ifb-gruendung.de
> Beratungsangebot > Kostenlose Gründungsinformationen, und im Infoletter „Grün-
derZeiten", Nr. 28: Preisgestaltung, kostenlos herunterzuladen oder zu bestellen
unter ☞ http://www.bmwi.de > Bestellservice > Nach Zielgruppen > Existenzgründer.

Werkvertrag, Zeitabrechnung, Pauschale?

Auch die Art Ihres Vertrages hat mit der Preisgestaltung zu tun. *Werkvertrag: Nur das*
Ein Werkvertrag bedeutet, dass Sie eine bestimmte Summe für *Ergebnis zählt*
eine bestimmte Leistung bekommen – egal, wie viel Aufwand
das für Sie bedeutet. Für Sie ist das gut, wenn Sie eigentlich
nicht viel Zeit für den Auftrag brauchen, weil Sie zum Beispiel
so etwas Ähnliches schon einmal gemacht haben, der Kunde
aber nicht wissen soll, dass Sie für seine 500 Euro nur noch
drei Stunden Arbeit investieren werden.

Um mit so einem Festpreis kein Risiko einzugehen, müssen
Sie den Arbeitsaufwand aber sehr genau abschätzen können.
Dazu sollten Sie auch Ihren Kunden gut kennen – wenn der immer wieder Zusatzleistungen oder Nachbesserungen fordert,
können Sie sich mit Ihrem Festpreis ganz schön verrechnen.
Nachträgliche Änderungswünsche sollten deshalb am besten
extra abgerechnet werden. Oder Sie geben von vornherein eine
Spanne an, innerhalb derer sich die Kosten bewegen werden, je
nach tatsächlichem Arbeitsaufwand (den Sie dann aber auch
nachweisen sollten).

Ein Stunden- oder Tagessatz ist besser, wenn Sie den Umfang *Zeitabrechnung:*
der Arbeit noch nicht abschätzen können, weil zum Beispiel der *Stunden nachweisen*
Kunde sich mehrere Nachbesserungsschleifen vorbehält oder
Sie von anderen Beteiligten abhängig sind. Diese Abrechnung
nach Zeit hat den Nachteil, dass Sie dann auch Ihre Stunden
nachweisen sollten, im großzügigsten Fall durch eine eigene Auf-
stellung, möglicherweise aber auch durch Anwesenheit, Zeiter-
fassung oder andere Kontrollen. Damit der Kunde seine Kosten
ungefähr kalkulieren kann, sollten Sie außerdem in der Lage
sein, den Zeitaufwand ungefähr abzuschätzen, und sei es unter
Berücksichtigung verschiedener Szenarien.

| *Pauschalvertrag:* | Wenn Sie immer wieder ähnliche Arbeiten für einen Kunden zu |
| *sicheres Einkommen* | erledigen haben, können Sie mit ihm schließlich auch einen |

Wenn Sie immer wieder ähnliche Arbeiten für einen Kunden zu erledigen haben, können Sie mit ihm schließlich auch einen Pauschalvertrag abschließen. Sie liefern zum Beispiel jeden Monat einen Artikel für eine bestimmte Rubrik oder garantieren einem Unternehmen zwei Tage Dolmetsch-Einsatz pro Monat. Dafür bekommen Sie dann eine regelmäßige Vergütung überwiesen – ein beruhigendes Gefühl, da Sie so (anders als sonst) auch einmal eine regelmäßige Einnahmequelle haben. Üblich sind Pauschalen zum Beispiel für „Feste Freie" in den Medien.

 Mehr über „Feste Freie" lesen Sie auch auf Seite 10.

Zusatzeinnahmen durch Verwertungsgesellschaften

Für Texte und Kunstwerke zweimal Geld bekommen

Autoren und Künstler können außer von ihren direkten Kunden auch noch auf anderem Weg Geld bekommen. Bücher werden aus Bibliotheken ausgeliehen, Zeitungsartikel kopiert, Musikstücke auf Konzerten gespielt. Für all diese Nutzungen erhalten die Urheber vom Endkunden zunächst kein Geld. Dies gleichen die Verwertungsgesellschaften aus: Sie ziehen von Unternehmen, die Pressespiegel erstellen, Herstellern von Kopiergeräten und anderen Multiplikatoren Geld ein und schütten es an die Urheber wieder aus.

Bedingung: ein Wahrnehmungsvertrag

Als Urheber müssen Sie dazu nur einen Wahrnehmungsvertrag abgeschlossen haben – kostenlos und ziemlich unbürokratisch. Danach müssen Sie in der Regel Ihre Werke an die Verwertungsgesellschaft melden und bekommen im nächsten Jahr noch einmal Geld dafür – nicht allzu viel, aber dafür haben Sie auch kaum Aufwand damit.

Journalisten, Autoren und Übersetzer wenden sich an die
VG Wort
Goethestraße 49
80336 München
Telefon: 089 51412-0
Telefax: 089 51412-58
E-Mail: vgw@vgwort.de
🖰 *http://www.vgwort.de*

Weitere Verwertungsgesellschaften gibt es für Künstler, Schauspieler und Musiker.

Verträge und Rechnungen: So läuft alles glatt

Egal, ob Sie für Unternehmen, Behörden oder Privatpersonen arbeiten, ob Sie Produkte verkaufen oder Dienstleistungen anbieten: Es lohnt sich, Aufträge klar festzuhalten und systematisch abzuwickeln. Denn die größten Streitigkeiten entstehen, wenn Aufträge nicht eindeutig abgesprochen waren.

Klare Absprachen sind wichtig!

Ohne klare Absprachen gelten gesetzliche Regelungen, zum Beispiel zur Haftung bei Mängeln. Oft möchten Sie aber eine günstigere Regelung treffen oder Details vorab klären. Dann müssen Sie einen entsprechenden Vertrag schließen. Sie brauchen sich dabei nicht mit ellenlangen Musterverträgen herumzuschlagen – ein paar Punkte, klar festgehalten und von beiden Seiten bestätigt, sind ebenfalls ein Vertrag, mit dem man arbeiten kann.

AGB

Allgemeine Geschäftsbedingungen sind praktisch, weil Sie mit ihnen wichtige Fragen grundsätzlich klären, die sonst immer wieder mühsam vereinbart werden müssten. Sie können in Ihren Verträgen oder in Ihrer Korrespondenz einfach auf Ihre AGB verweisen, die Sie Ihrem Geschäftspartner dann aber auch zugänglich machen müssen, indem Sie sie ihm zum Beispiel einmal zuschicken oder sie (wenn es nur einige Sätze sind) auf Ihrem Briefpapier abdrucken. Wenn Ihr Geschäftspartner eigene AGB hat, die Ihren widersprechen, gelten im Zweifelsfall die gesetzlichen Regelungen.

Das „Kleingedruckte" als Arbeitserleichterung

AGB können zum Beispiel grundsätzliche Nutzungsrechte, Verweise auf Tarifempfehlungen, Zahlungsfristen, Haftungsausschlüsse oder Ihren Gerichtsstand umfassen. Allerdings dürfen Sie Ihre AGB nicht nutzen, um Ihre Preise heimlich in die Höhe zu treiben oder gesetzliche Regelungen außer Kraft zu setzen. Solche Klauseln sind nichtig.

Was darf in AGB stehen?

Wenn Sie umfangreiche AGB erstellen wollen, ziehen Sie am besten einen Rechtsanwalt zu Rate. Viele Berufsverbände bieten ebenfalls Hilfe oder können Ihnen Muster-AGB zur Verfügung stellen. Adressen von Verbänden finden Sie im Anhang.

Angebote

Nachdem Sie mit Ihrem Kunden sondiert haben, was Sie für ihn tun können und wie die Rahmenbedingungen aussehen, sollten

Basis für größere Aufträge

Sie bei größeren Projekten ein Angebot erstellen. Dies wird die Basis Ihrer Arbeit und liefert dem Kunden (aber auch Ihnen) eine Vorstellung, was alles zu tun ist und zu welchen Konditionen. Rechtlich gesehen kann ein Vertrag zustande kommen, wenn der Kunde dieses Angebot annimmt. Falls Sie dies noch nicht wollen, weil noch zu viele Einzelheiten zu klären sind, schreiben Sie einfach „Angebote freibleibend" – das heißt, wenn der Kunde es annimmt, müssen Sie noch einmal zustimmen, damit ein Vertrag entstanden ist.

Wie sieht ein Angebot aus?

Ein typisches Angebot enthält

- Ihre Leistungen im Überblick (eventuell mit Verweis auf ein Briefing oder Konzept)
- Details, technische Hintergründe und Ähnliches
- Vorleistungen des Kunden (zum Beispiel ein Briefing, bevor Sie Ihren Werbetext schreiben, oder die Lieferung von Adressen, die Sie dann durchtelefonieren)
- Terminplan, Lieferform
- Honorar, Fälligkeit, gesondert zu vergütende Zusatzleistungen, Nutzungsrechte, gegebenenfalls weitere Kosten für den Auftraggeber durch Dritte
- Verweis auf eigene AGB (soweit vorhanden)

Formulieren Sie alles kurz und übersichtlich und schließen Sie mit einer freundlichen Floskel wie „Ich würde mich freuen, auf dieser Grundlage mit Ihnen zusammenzuarbeiten".

 Muster für Angebote und Verträge finden Sie unter ☞ http://www.gruenderleitfaden.de > Dokumente.

Aufträge

Absprachen schriftlich festmachen!

Auch eine mündliche Absprache gilt als Vertrag – nur können Sie diese Absprache im Streitfall schlecht nachweisen. Wenn möglich, sollten Sie Aufträge daher immer schriftlich festhalten. Bei manchen Kunden wird das allerdings nicht funktionieren, vor allem wenn Sie für Privatpersonen arbeiten, die eine schriftliche Vereinbarung vielleicht nur abschrecken würde. Auch im aktuellen Journalismus sind kurze Telefonate ohne weitere Formalitäten üblicher, vor allem wenn sich Auftraggeber und Auftragnehmer schon kennen. Im Umgang mit vielen Geschäftskunden und bei größeren Aufträgen zeigen Sie aber Professionalität, wenn Sie klare schriftliche Vereinbarungen treffen. Vor allem aber schützen Sie sich selbst vor unangenehmen Überraschungen.

Ein Auftrag sollte mindestens beschreiben, was Sie liefern sollen, bis wann und zu welchem Preis. Er kann auch daraus bestehen, dass Ihr Kunde das Angebot annimmt, das Sie zuvor ausgearbeitet haben, und Sie ihm den Auftrag bestätigen. Wenn Sie den Vertrag nur mündlich geschlossen haben, schicken Sie am besten eine Auftragsbestätigung, die die wichtigsten Punkte kurz auflistet. Wenn Sie eine solche Bestätigung an einen (geschäftlichen) Kunden schicken und dieser nicht widerspricht, ist das vor Gericht so gut wie ein schriftlicher Vertrag.

Auftragsbestätigungen nutzen!

Hilfen bei der Vertragsgestaltung geben Berufsverbände und Gewerkschaften. Die Adressen finden Sie im Anhang.

Freuen Sie sich über Aufträge, sehen Sie aber auch das Kleingedruckte genau durch. Sonst müssen Sie nachher womöglich zehnfache Korrekturschleifen mitmachen oder Ihr Honorar zurückzahlen, wenn der Beratungskunde keinen Erfolg mit Ihren Empfehlungen hatte, oder sollen plötzlich für kein Konkurrenzunternehmen mehr arbeiten dürfen. Auch in den AGB Ihres Kunden könnten Regelungen versteckt sein, die Ihnen Nachteile verschaffen.

Stimmen die Bedingungen?

Bei Problemen hilft eine Haftpflicht- und eine Rechtsschutzversicherung. Mehr dazu auf Seite 84 und 85.

Bei regelmäßigen Aufträgen können Sie auch einen Rahmenvertrag vereinbaren. Ähnlich wie bei den AGB werden hier (aber diesmal beidseitig) Grundbedingungen vereinbart, auf denen die einzelnen Aufträge dann basieren.

Rechnungen

Schreiben Sie Ihre Rechnungen sofort, wenn Sie Ihre Leistung erbracht haben. Lassen Sie diese Arbeit nicht liegen – Sie bringen sich nur selbst in Schwierigkeiten und signalisieren dem Kunden, dass Ihnen an Geld eigentlich nicht so viel liegt.

Rechnungen zeitnah stellen

Bei größeren Projekten können Sie vereinbaren, dass Sie nach dem Abschluss bestimmter Schritte eine Rechnung über einen Teilbetrag stellen. Sie können auch einen Vorschuss und eine Endzahlung vereinbaren. Schließlich erwartet der Auftraggeber, dass Sie Ihre Arbeitskraft für ihn einsetzen und nicht ständig nachrechnen, wovon Sie das nächste Abendessen bezahlen. So gehen Sie auch sicher, dass Sie zumindest einen Teil des Geldes in der Hand haben, falls es nachher Schwierigkeiten gibt, und können solche Schwierigkeiten auch schon früher erkennen, wenn Ihre Teilrechnungen nicht angemessen abgewickelt werden.

Wie sieht eine Rechnung aus?

Eine Rechnung enthält Namen und Adressen von Auftraggeber und Auftragnehmer, Angaben über Art und Umfang Ihrer Leistung, das Datum, Ihre Bankverbindung, die Zahlungsfrist und Ihre Steuernummer.

Die Leistungen sollten Sie relativ detailliert aufschlüsseln, das zeigt, dass Sie Ihr Geld wirklich wert sind. So kann die Rechnung durchaus auch mehrere Seiten umfassen.

Die Zahlungsfrist

Die Zahlungsfrist sollte nicht zu lang sein (beispielsweise zwei Wochen, höchstens vier). Kaufmännischer Grundsatz ist schließlich, dass die Zahlung bei Lieferung fällig ist – jede längere Frist ist Kulanz von Ihrer Seite. Insbesondere sollten Sie sich nicht darauf einlassen, dass die Zahlung erst bei Drucklegung, bei Erfolg des Kunden oder zu einem anderen Zeitpunkt erfolgt, den der Kunde selbst bestimmen kann.

Die Rechnung ist auch eine gute Gelegenheit, sich in einem Begleitschreiben für den Auftrag zu bedanken und eine weitere Zusammenarbeit vorzuschlagen.

Mahnungen

Bei Verspätungen freundlich nachfragen

Wenn der Kunde die Rechnung nicht einigermaßen pünktlich bezahlt, sollten Sie bald nachfragen. Zunächst reicht dafür ein Anruf. Wenn Sie (bei Firmenkunden) die unerfreuliche Rechnungsverfolgung nicht zwischen sich und den Ansprechpartner bringen wollen, können Sie dies auch über seine Buchhaltungsabteilung regeln. Vielleicht ist diese noch nicht dazu gekommen, Ihre Rechnung zu bearbeiten, obwohl Ihr Ansprechpartner sie längst gegengezeichnet hat.

Mahnungen und Verzugszinsen

Wenn aber freundliche Anrufe nichts nützen, sollten Sie zunächst ein Erinnerungsschreiben, dann die erste Mahnung und gegebenenfalls weitere Mahnungen schicken. Nehmen Sie Bezug auf die ursprüngliche Rechnung und den verpassten Zahlungstermin, und setzen Sie eine neue Zahlungsfrist. Verzugszinsen werden übrigens auch ohne Mahnung fällig, wenn die Rechnung innerhalb von 30 Tagen nach Eingang nicht bezahlt wird; sie liegen für Geschäftskunden acht Prozent und für Privatkunden sechs Prozent über dem Basiszinssatz der Bundesbank, der im Juli 2003 1,22 Prozent betrug. Wie streng Sie diese Möglichkeit einsetzen, hängt natürlich davon ab, ob Sie diesem Kunden auch in Zukunft etwas verkaufen möchten.

Weitere Druckmitteln sind Klagen oder die Verweigerung weiterer Leistungen. Wenn Sie immer nur Scherereien mit einem Kunden haben, werden Sie mit dieser Geschäftsbeziehung sowieso nicht glücklich – und es gibt immer noch genug andere Kunden.

Wenn der Kunde gar nicht zahlt ...

Falls Ihr Kunde schlicht nicht mehr zahlen kann und Insolvenz anmeldet, werden Sie bestenfalls noch einen Teil Ihres Geldes bekommen. Auch deshalb empfiehlt es sich, Rechnungen häufig zu stellen und den Zahlungseingang laufend zu überprüfen. Und ein Netzwerk im Unternehmen aufzubauen, das Sie vor solchen Gefahren rechtzeitig warnen kann.

9. Den Überblick behalten:
Buchführung und Controlling

Buchführung macht vielen Selbstständigen am wenigsten Spaß. Sie ist nicht kreativ, nicht kommunikativ, und viele kennen sich außerdem nicht gut damit aus. Dennoch sollten Sie alles von Anfang an korrekt aufschreiben. Zum einen sind Sie dazu verpflichtet und können bei schlampiger Buchführung oder gar vergessenen Steuern richtig Ärger bekommen. Aber auch zu Ihrem eigenen Vorteil sollten Sie die Buchführung gut im Griff haben. Sie ist nicht nur eine lästige Abhefterei, sondern die Grundlage für Ihre Kostenrechnung – ein Steuerungsinstrument, um weniger zu arbeiten und mehr Geld zu verdienen. Und wenn man Einnahmen und Ausgaben zeitnah notiert, macht Buchführung – besonders für Freiberufler – kaum Arbeit.

Ordnungsgemäße Buchführung

Freiberufler: Einfache Einnahmen-Ausgaben-Rechnung

Als Freiberufler brauchen Sie nur eine Einnahmen-Ausgaben-Rechnung aufzustellen. Gewerbebetriebe ab 30.000 Euro Gewinn und GmbHs müssen eine doppelte Buchführung machen, unter Umständen kommen weitere Pflichten hinzu (Bilanz, Veröffentlichung bestimmter Kennzahlen). Wenn Sie die doppelte Buchführung nicht im Studium oder in einer Ausbildung gelernt haben, besuchen Sie dazu unbedingt einen Kurs, zum Beispiel bei der Industrie- und Handelskammer oder an einer Volkshochschule.

 Freiberufler, Gewerbe, GmbH? Mehr über unterschiedliche Formen der Selbstständigkeit lesen Sie auf Seite 9 und mehr über Rechtsformen ab Seite 70.

Wie gesagt: Bei Freiberuflern – und dazu zählen die meisten selbstständigen Geistes- und Sozialwissenschaftler – ist alles einfacher. Für die Einnahmen-Ausgaben-Rechnung gibt es (noch) keine detaillierten Vorschriften. (Es wird allerdings diskutiert, dafür einheitliche Formulare vorzuschreiben – erkundigen Sie sich aktuell bei Ihrem Steuerberater.) Bis dahin muss die „EAR"

nur den allgemeinen Grundsätzen einer ordnungsgemäßen Buchführung entsprechen:

Grundsätze der Buchführung

- Übersichtlichkeit: Ein sachkundiger Dritter (zum Beispiel ein Prüfer des Finanzamtes) muss sich in vertretbarer Zeit in Ihren Unterlagen zurechtfinden können.
- Vollständigkeit: Sie müssen alle buchführungspflichtigen Einnahmen und Ausgaben richtig erfassen.
- Ordnung: Sie müssen alle Geschäftsvorfälle richtig zuordnen.
- Zeitgerechtheit: Alle Geschäftsvorfälle müssen im richtigen Zeitraum erfasst werden, zum Beispiel für die Umsatzsteuer-Voranmeldung.
- Nachprüfbarkeit: Buchungen müssen durch Belege bestätigt werden (Rechnungen, Quittungen, Kontoauszüge).
- Richtigkeit: Sie dürfen Ihre Eintragung nicht nachträglich ändern (professionelle Buchführungsprogramme haben sogar eine Funktion, die dies verhindert).

Hilfsprogramme und Kontenrahmen

Für Ihre Einnahmen-Ausgaben-Rechnung können Sie Buchhaltungsprogramme kaufen oder als Freeware herunterladen (zum Beispiel Easy Cash & Tax, ✆ http://www.easyct.de). Oder Sie stellen selbst eine Rechnung in einem Tabellenkalkulationsprogramm wie Excel auf. Für alle Arten von Einnahmen und Ausgaben richten Sie getrennte Konten ein, zum Beispiel für Mietzahlungen oder Telefonkosten, die Sie dann chronologisch führen. Kontenrahmen, an denen Sie sich orientieren können, gibt es bei Kammern, Berufsverbänden oder Steuerberatern, meist können Sie diese für Ihre Bedürfnisse noch vereinfachen. Dem Finanzamt müssen Sie für die Einkommensteuererklärung nur die Summen dieser einzelnen Konten mitteilen, Einnahmen minus Ausgaben ergeben Ihren Gewinn vor Steuern.

Laufend Belege sammeln!

Außerdem müssen Sie alle Belege über Ihre Einnahmen und Ausgaben sammeln, nummerieren und sortiert abheften. Sie brauchen sie am Ende des Jahres für die Steuererklärung. „Langlebige Wirtschaftsgüter" (die über 410 Euro gekostet haben) nehmen Sie in ein „Anlagenverzeichnis" auf, sie werden über mehrere Jahre abgeschrieben. Sie sind verpflichtet, Ihre Unterlagen zehn Jahre lang aufzuheben, damit das Finanzamt Nachprüfungen anstellen kann.

Ihre Buchführung dient als Grundlage für Ihre Einkommensteuer und für die Umsatzsteuer, sofern Sie umsatzsteuerpflichtig sind. Wenn Sie keine Erklärungen abgeben, wird das Finanzamt Ihr Einkommen und die Steuern schätzen – und Ihnen damit eher zu viel abbuchen, ganz abgesehen von den Zinsen für die Nachzahlung.

Buchführung delegieren – trotzdem durchblicken

Sie sehen: Es kann sich lohnen, Ihre Buchhaltung einem Steuerberater, einer Honorarkraft oder einem Angestellten zu übertragen, damit Sie sich selbst auf Planung, Akquise und Projektabwicklung konzentrieren können. Dennoch sollten Sie selbst das System verstanden haben, denn nur so können Sie Ihre eigene Geschäftsentwicklung verfolgen. Auch gute Buchführungsprogramme machen das Leben leichter – können Ihnen aber wirtschaftliche Analysen und strategische Planung nicht abnehmen.

Mehr erfahren Sie unter ✆ http://www.akademie.de > Business > Tipps & Tricks > Finanz- und Rechnungswesen und im Infoletter „GründerZeiten", Nr. 38: Buchführung, kostenlos herunterzuladen oder zu bestellen unter ✆ http://www.bmwi.de > Bestellservice > Nach Zielgruppen > Existenzgründer.

Immer genug Geld auf dem Konto

Engpässen vorbeugen

Sie brauchen immer einen Überblick über Ihre Liquidität, um Probleme zu vermeiden und auch Ihre Gewinnsituation beurteilen zu können. Sehen Sie kritische Phasen voraus und sorgen Sie dafür, dass Sie gar nicht erst in Engpässe kommen. Um Schwankungen auszugleichen, sollten Sie ein finanzielles Polster haben, zum Beispiel so viel Geld auf einem gut verzinsten Konto, wie Sie für zwei oder drei Monate zum Leben bräuchten. So kommen Sie nicht sofort mit Ihren Verpflichtungen in Verzug, wenn einmal größere Anschaffungen anstehen, wenn Sie wegen Krankheit nichts verdienen oder wenn Sie einen Großauftrag erledigen, für den Sie erst nach zwei Monaten Arbeit und vier Wochen Zahlungsfrist Ihr Geld bekommen.

Wie viel Geld gehört Ihnen?

Aber wie viel Geld haben Sie eigentlich wirklich? Der Kontostand kann trügen: Als Selbstständiger zahlen Sie nicht laufend Steuern, sondern nur vierteljährlich; im ersten Jahr sogar zunächst gar nichts und dafür nachträglich alles auf einmal. Auch noch nicht abgeführte Mehrwertsteuer lässt Ihr Guthaben größer erscheinen. Ebenso sind die Ausgaben größer als vielleicht gewohnt: Wer vergisst, dass in zwei Tagen wieder eine Telefonrechnung von 200 Euro abgebucht wird, kann sich über seine Liquidität leicht täuschen.

Auch hier zeigt sich: Sie sollten immer mitrechnen, größere Zahlungstermine im Auge behalten und Ihre Liquidität laufend überprüfen. Am besten legen Sie für die Steuer Geld auf einem gut verzinsten Extra-Konto beiseite.

Wirtschaftlich arbeiten: Kontrolle ist besser

Sie möchten sich auch mal in Ruhe zurücklehnen können, weil Sie genug verdient haben? Dann sind Kostenrechnung und Controlling für Sie ebenfalls wichtig. Sie zeigen Ihnen, ob Sie wirtschaftlich arbeiten und Gewinn gemacht haben – und zwar mehr, als Sie gemacht hätten, wenn Sie Ihr Geld einfach auf der Bank angelegt hätten, statt es in Ihr Unternehmen zu stecken; oder mehr, als wenn Sie sich einen ruhigen Job gesucht hätten, der Ihnen vielleicht wenig, aber dafür regelmäßiges Geld einbringt.

Lohnt Ihr Unternehmen eigentlich?

Ob Sie finanziell gesehen wirtschaftlich arbeiten, können Sie mit Hilfe der Deckungsbeitragsrechnung herausfinden. Sie zeigt, wie weit ein Auftrag (oder ein verkauftes Produkt) dazu beiträgt, dass Sie Ihre Fixkosten decken können.

Ein Beispiel: Sie bekommen für einen Artikel ein Nettohonorar von 300 Euro. Um den Artikel zu schreiben, hatten Sie Telefon- und Portokosten von 15 Euro, außerdem (nicht erstattete) Fahrtkosten von 30 Euro. Damit trägt der Artikel noch 255 Euro zur Deckung Ihrer Fixkosten bei. 255 Euro sind zwar immer noch nicht Ihr Gewinn, denn Sie haben ja noch fixe Kosten wie Miete, Versicherungen oder Mitgliedschaften in Berufsverbänden, die Sie aus Ihren Einnahmen ebenfalls mitfinanzieren müssen. Aber der Deckungsbeitrag gibt Ihnen einen Anhaltspunkt, wie sinnvoll der Auftrag aus wirtschaftlicher Sicht ist.

Natürlich kann auch ein schlecht bezahlter Auftrag sinnvoll sein, wenn Sie dadurch bekannter werden oder eine gute Referenz bekommen. Aber draufzahlen sollten Sie auf keinen Fall!

Wenn Sie selbst aufwändige Dienstleistungen erbringen, sollten Sie außerdem nicht nur Ihre Einnahmen und Ausgaben erfassen, sondern auch regelmäßig Ihren Zeitaufwand notieren. Wie lange haben Sie eigentlich für Ihren Lehrauftrag gearbeitet? Wie viel Zeit ging für Organisation, Konzept oder Nachbereitung drauf, zusätzlich zu den bezahlten Unterrichtsstunden? Ein Stundenhonorar von 80 Euro kann so leicht zu einem Stundenhonorar von 30 Euro werden. Ein solches Controlling kann Ihnen zeigen, dass Ihre Dienstleistung unwirtschaftlich ist, weil Sie zu wenig Geld dafür bekommen oder zu viel Aufwand dafür betreiben.

Ihr Zeitaufwand als Kostenpunkt

Schätzen Sie Ihre Materialkosten und Ihren Zeitaufwand schon vorher ab, um Angebote zu kalkulieren. Machen Sie aber nach der Auftragsabwicklung eine Nachkalkulation, um die Wirtschaftlichkeit zu überprüfen und Möglichkeiten zur Effizienzsteigerung zu entdecken.

Überprüfen Sie regelmäßig Ihre Arbeitsweise!

Und wenn Sie feststellen, dass Sie immer am Rande des Existenzminimums herumwirtschaften, sollten Sie etwas an Ihrer Geschäftsstrategie ändern. Rechnen Sie einmal im Monat oder mindestens vierteljährlich nach, welche Ziele Sie erreicht haben, und analysieren Sie, was Sie besser machen könnten. Vielleicht finden Sie heraus, dass Sie sich mehr auf bestimmte Aufträge konzentrieren müssen. Vielleicht stellen Sie auch fest, dass im Sommer wenig Geld hereinkommt und Sie in dieser Zeit genauso gut Ihren Urlaub einplanen können.

Mehr erfahren Sie im Infoletter „GründerZeiten", Nr. 23: Controlling, und Nr. 25: Kostenrechnung, kostenlos herunterzuladen oder zu bestellen unter ☞ http:// www.bmwi.de > Bestellservice > Nach Zielgruppen > Existenzgründer.

Detailliert und gut lesbar ist das Buch von Hans-Jürgen Probst, Controlling leicht gemacht. Wer hat Angst vor schwarzen Zahlen? München: Redline Wirtschaft bei Ueberreuter, 2000. ISBN 3-8323-0987-X.

10. Was will das Finanzamt?
Ihre Steuererklärung

Als Selbstständiger haben Sie es mit mehr Steuerarten zu tun als ein Angestellter. Neben Ihrer persönlichen Umsatzsteuer zahlen Sie meist auch Umsatzsteuer und teilweise Gewerbesteuer (siehe dazu auch Seite 164). Dafür haben Sie aber auch mehr „Gestaltungsmöglichkeiten", wie es so schön heißt: Sie können meist mehr Ausgaben von der Steuer absetzen und dadurch Ihre Steuerlast verringern.

Einkommensteuer: So können Sie sparen

Genau wie ein Angestellter zahlen Sie als Selbstständiger eine Steuer auf Ihr Einkommen. Ein Grundbetrag (7235 Euro im Jahr 2003) ist steuerfrei (muss aber natürlich trotzdem in der Steuererklärung angegeben werden!), danach zahlen Sie Steuern – wenig bei geringem Verdienst, mehr für zusätzliche Einnahmen. Der Steuersatz steigt also mit Ihrem Einkommen (Progression). Besonders Spitzenverdiener profitieren also davon, wenn sie Kosten von der Steuer absetzen und damit ihre Steuerpflicht wieder verringern können.

Freibetrag und Progression

Die Einnahmen-Ausgaben-Rechnung

Natürlich haben Sie als Selbstständiger kein festes Gehalt, von dem der Arbeitgeber die Steuern gleich abziehen könnte (Ausnahme: Sie haben eine GmbH gegründet und sich selbst dort als Geschäftsführer angestellt). Ihr Einkommen ermitteln Sie selbst: wenn Sie Freiberufler sind, durch eine Einnahmen-Ausgaben-Rechnung (Gewinn-und-Verlust-Rechnung), ansonsten mit einer doppelten Buchführung.

Wonach berechnet sich die Steuer?

Mehr zur Buchführung lesen Sie ab Seite 112.

Zu den Einnahmen zählen Honorare, Verkaufserlöse, Ausschüttungen aus Verwertungsgesellschaften und Ähnliches. Vereinnahmte Mehrwertsteuer zählt nicht dazu, da diese gesondert abgerechnet wird.

Meldung ans Finanzamt

Für die Steuererklärung listen Sie alle diese Punkte in dem Finanzamts-Bogen „Einnahmen aus selbstständiger Tätigkeit" auf. Falls Sie auch Einnahmen aus nicht-selbstständiger Tätigkeit, aus Kapitaleinkünften oder Vermietungen haben, müssen Sie diese in gesonderten Bögen angeben.

Ausgaben absetzen

Steuerschuld senken

Wenn Sie im Jahr 50.000 Euro an Beratungshonoraren einnehmen, dazu aber für 2.000 Euro durch Deutschland reisen müssen, haben Sie eigentlich nur 48.000 Euro Gewinn gemacht, und nur auf die 48.000 Euro müssen Sie Steuern zahlen. Auf solche Zahlen werden Sie vielleicht nicht kommen, aber viele Selbstständige haben einige größere Ausgabenposten, mit denen sie ihre Steuerschuld senken können.

... nur mit Beleg!

Voraussetzung fürs Steuer-Sparen: Genau wie Ihre Einnahmen müssen Sie auch Ihre Ausgaben laufend notieren und Belege dafür sammeln. Sollten Sie einmal einen Beleg verloren haben, können Sie auch einen „Eigenbeleg" ausstellen, auf dem Sie Datum, Gegenstand, Preis Ihres Einkaufs notieren. Bei zu vielen solchen Behelfen wird aber jeder Finanzbeamte mit Recht misstrauisch. „Langlebige Wirtschaftsgüter" mit einem Anschaffungswert über 400 Euro müssen Sie über mehrere Jahre abschreiben.

Da sich die Verhältnisse je nach Ihrer Arbeit sehr unterscheiden und Gesetze außerdem immer wieder geändert werden, sollten Sie zumindest zu Beginn Ihrer Selbstständigkeit einmal gründlich mit Ihrem Steuerberater sprechen. Hier nur ein Überblick, was man grundsätzlich alles absetzen kann (Zahlen gültig für das Jahr 2003). Danach könnten Sie Ihren Berater fragen:

Arbeitszimmer

Arbeitszimmer:
Was wird anerkannt?

Wenn Sie hauptsächlich in Ihrem Büro oder häuslichen Arbeitszimmer arbeiten, können Sie die Miete von der Steuer absetzen. Beim häuslichen Arbeitszimmer geht das allerdings nur bis zu 1.250 Euro im Jahr und nur dann, wenn das Arbeitszimmer wirklich ein separater Raum zum Arbeiten ist. Wenn Sie zu zweit in einer Zweizimmerwohnung leben, erkennt das Finanzamt das Arbeitszimmer zum Beispiel nicht an. Aber wenn Sie ein geeignetes Arbeitszimmer haben, senkt die Miete Monat für Monat Ihre

Steuerschuld. Auch anteilige Nebenkosten für Strom, Heizung, Renovierung oder Putzmittel können Sie absetzen, ebenso Kosten für Einrichtungsgegenstände wie Schreibtisch und Regale.

Auch Miet-Nebenkosten absetzen!

Technik und Büromaterial

Arbeitsmittel wie Computer, Drucker oder Telefon können Sie ebenfalls absetzen (bei Kosten über 410 Euro plus Mehrwertsteuer als Abschreibung über mehrere Jahre). Wenn Sie den Computer auch privat nutzen, können Sie die Kosten allerdings nur anteilig absetzen. Das Papier für den Drucker, neue Farbpatronen, Aktenordner, Büroklammern und ähnliche Materialien können Sie ebenfalls absetzen.

Computer – Drucker – Telefon

Geschäftswagen

Ein großer Posten bei vielen Selbstständigen ist der Geschäftswagen. Hier gelten allerdings komplizierte Regeln. Das Auto muss auf Sie selbst angemeldet sein, Sie müssen die überwiegende geschäftliche Nutzung belegen können, private Fahrten als Einnahmen verbuchen und den Verkauf des Autos versteuern. Wenn Sie das Auto auch privat nutzen, informieren Sie sich also gründlicher über die Folgen. Oft ist es besser, nur einzelne geschäftliche Fahrten mit der Kilometerpauschale von 30 Cent pro Kilometer oder mit Tankbelegen geltend zu machen.

Auto: Komplizierte Regeln

Reisekosten

Wenn Sie mit Taxi, Bus, Bahn oder Flugzeug unterwegs sind, sammeln Sie die Quittungen bzw. Fahr- und Flugscheine und rechnen die tatsächlichen Kosten ab. Auch für Hotelübernachtungen können Sie Kosten absetzen.

Journalisten können auch Reisen als Recherchefahrten angeben, die bei anderen Leuten als Urlaub zählen würden; das Finanzamt wird aber meist einen überwiegenden Urlaubszweck unterstellen, es sei denn, Sie können den Geschäftszweck mit veröffentlichten Reportagen, verkauften Bildern oder Ähnlichem belegen, und das Verhältnis von Einnahmen und Ausgaben ist aus wirtschaftlicher Sicht tatsächlich vertretbar. Eine Reportage über ein neues Hotel in Vietnam mit 200 Euro Honorar und 1.500 Euro Reisekosten werden Sie nicht durchboxen können.

Urlaub oder Geschäftsreise?

Bewirtungen

Wenn Sie mit (potenziellen) Kunden, Lieferanten, Interviewpartnern, Beratern oder anderen Geschäftspartnern essen gehen, können Sie die Kosten für deren und Ihr eigenes Essen von der Steuer absetzen, allerdings nur zu 80 Prozent. Sie müssen

Essen gehen mit dem Fiskus

Bewirtungen gut belegen!	dazu die Rechnung aufheben und auf der Rückseite die Namen der Beteiligten, den Zweck des Treffens und das Datum notieren und das Ganze unterschreiben. Aus der Rechnung muss hervorgehen, dass mindestens zwei Personen etwas gegessen haben (eine Pizza und eine Apfelschorle werden Sie schlecht erklären können).

Weiterbildung und Berufsverbände

Bildung als Geschäfts-Investition

Den Besuch eines Fachvortrags, einen HTML-Kurs, um Ihre eigene Website bauen zu können, oder sogar ein Aufbaustudium, das Ihre Marktchancen verbessert, können Sie steuerlich geltend machen. Das Gleiche gilt für Fachliteratur (Bücher, Zeitschriften), den Besuch von Messen oder Tagungen oder auch für die Mitgliedschaft in Berufsverbänden.

Post und Telefon

Telefon: Beruflich oder privat?

Briefmarken, Telefonrechnung und Internetzugang können Sie von der Steuer absetzen. Die Telefonrechnung muss auf Ihren Namen lauten. Wenn Ihr privater und Ihr geschäftlicher Anschluss die gleiche Nummer haben, müssen Sie angeben, wie hoch der geschäftliche Anteil an den Verbindungskosten ist. Die Grundgebühr können Sie dann zum gleichen Anteil absetzen.

Sonderausgaben

Vorsorge und andere Ausgaben

Zu den Sonderausgaben zählen zum Beispiel die Kirchensteuer, Steuerberatungskosten, Spenden und Vorsorgeaufwendungen – das sind Ihre Beiträge zur Kranken-, Unfall-, Renten-, Lebens- und Haftpflichtversicherung. Dafür gibt es Höchstgrenzen; Sie können im Zweifelsfall auch alles angeben, das Finanzamt wird dann den höchsten zulässigen Betrag absetzen.

Steuerliche Strategien

Rechtzeitig für die Steuer sparen!

Im ersten Jahr Ihrer Geschäftstätigkeit weiß niemand, was Sie verdienen werden. Anders als bei der Künstlersozialkasse müssen Sie Ihr Einkommen auch nicht im Voraus schätzen, sondern Sie zahlen im ersten Jahr zunächst überhaupt keine Einkommensteuer. Bis zum Mai des Folgejahres geben Sie eine Steuererklärung ab – und müssen dann die festgesetzte Steuer auf einmal nachzahlen. Auch deshalb lohnt eine aktuelle Buchführung – bleiben Sie auf dem Laufenden und legen Sie das Geld für die Steuerzahlung von vornherein zurück! Sonst kann es später ein böses Erwachen geben.

Ab dem zweiten Jahr müssen Sie dann eine vierteljährliche Einkommensteuer-Vorauszahlung leisten, die nach dem Vorjahreseinkommen berechnet und wiederum durch die anschließende Steuererklärung korrigiert wird.

Einkommenssteuer-Vorauszahlung

Wenn Sie in einem Jahr sehr viel Gewinn machen, wird Ihre vierteljährliche Steuervorauszahlung für das nächste Jahr recht hoch angesetzt werden. Falls Sie in dem Jahr dann aber sehr viel weniger verdienen sollten, könnten Sie Probleme haben, diese Vorauszahlung zu leisten. In diesem Fall können Sie beim Finanzamt einen Antrag auf Minderung der Vorauszahlungssumme stellen.

Oder Sie lassen es gar nicht so weit kommen und senken in besonders ertragreichen Jahren Ihre Steuerlast durch besondere Ausgaben, indem Sie zum Beispiel die lang vernachlässigte Weiterbildung angehen, Ihre Website professionell gestalten lassen oder Ähnliches. Sie können auch Geld als „Ansparabschreibung" zurücklegen, das Sie erst später für solche Dinge investieren wollen. Die Investition müssen Sie dann aber tatsächlich tätigen, sonst wird Ihnen dieses Geld irgendwann wieder als Einnahme angerechnet!

Einnahmen und Ausgaben gut verteilen

Bei allem Eifer: Bleiben Sie in Steuerdingen auf dem Teppich. Manche Selbstständige betreiben das Absetzen wie eine Sportart. Bedenken Sie aber, dass viele Einkäufe oder Restaurantbesuche zwar Ihre Steuerlast senken, Sie aber trotzdem den größten Teil davon selbst bezahlen müssen. Und wenn Sie auch nach der Startphase nie richtig Gewinn erzielen, wird das Finanzamt spätestens nach fünf Jahren misstrauisch und stuft Ihre Tätigkeit nicht mehr als Arbeit, sondern als Liebhaberei ein. Dann müssen Sie womöglich noch Geld zurückzahlen.

Realistische Gewinne machen

Umsatzsteuer – ein durchlaufender Posten

Die Mehrwertsteuer besteuert nicht das Einkommen, sondern den Verbrauch. Wenn Sie mit Ihren Freunden essen gehen und eine Rechnung über 116 Euro bekommen, enthält diese 16 Euro Mehrwertsteuer, die das Restaurant ans Finanzamt weiterleitet. Wenn Sie selbst nun Waren verkaufen oder Dienstleistungen erbringen, müssen Sie (normalerweise) ebenfalls Mehrwertsteuer dafür erheben und an das Finanzamt abführen.

Mehrwertsteuer auf den Verbrauch

Der Mehrwertsteuersatz beträgt im Allgemeinen 16 Prozent. Für journalistische und künstlerische Leistungen beträgt er sieben Prozent. Je nachdem, was für Leistungen Sie erbringen oder

16 oder sieben Prozent?

was für Produkte Sie verkaufen, werden Sie mal den einen, mal den anderen Satz verlangen müssen.

Wer muss keine Mehrwertsteuer erheben?

Ausnahme: Freiberufliche Lehrkräfte und einige andere Berufe sind von der Mehrwertsteuerpflicht befreit. Wenn Sie als Autorin, Journalist oder Ähnliches arbeiten, im letzten Jahr unter 17.500 Euro verdient haben und dieses Jahr voraussichtlich nicht über 50.000 Euro kommen, sind Sie ebenfalls von der Mehrwertsteuerpflicht befreit. Sollten Sie allerdings die „Geringfügigkeitsgrenze" im Laufe des Jahres doch noch überschreiten, müssen Sie die Steuer zahlen – und zwar auch rückwirkend auf die bisher eingenommenen Honorare!

Warum schadet die Mehrwertsteuer meist nicht?

Zwar können Sie im Allgemeinen von Ihren Auftraggebern die Steuer noch nachträglich einfordern. Um sich diesen Aufwand zu ersparen, empfiehlt es sich aber, von vornherein die Mehrwertsteuer zu erheben. Zum einen wollen Sie ja gern über die Geringfügigkeitsgrenze hinauskommen. Zum anderen schaden Sie Ihren Auftraggebern damit nicht – sie können die bezahlte Mehrwertsteuer wiederum als Vorsteuer beim Finanzamt geltend machen. (Eine Ausnahme sind allerdings Privatkunden, Behörden und öffentlich-rechtliche Anstalten – hier können Sie die Mehrwertsteuer meist nicht gesondert berechnen, sondern müssen Sie selbst vom Honorar abziehen und abführen.)

Billiger einkaufen mit dem Finanzamt

Vorteile der Mehrwertsteuer

Für Sie selbst hat es auch Vorteile, mehrwertsteuerpflichtig zu sein: Sie können nämlich für alle Waren oder Dienstleistungen, die Sie für Ihr Geschäft einkaufen, die Vorsteuer beim Finanzamt geltend machen. So bekommen Sie viele Sachen als Geschäftsmann oder -frau billiger als ein Normalkunde. Abzugsfähig ist im Prinzip alles, was Sie auch von der Einkommensteuer absetzen können (Beispiele siehe oben), soweit es der Mehrwertsteuer unterliegt. Mieten und Briefmarken etwa sind davon befreit.

Ein Beispiel: Sie nehmen im Januar 1.000 Euro an Beratungshonoraren ein und lassen sich zusätzlich dafür 160 Euro Mehrwertsteuer überweisen. Außerdem kaufen Sie im Januar einen neuen Drucker für 200 Euro. In diesen 200 Euro sind 27,58 Euro Mehrwertsteuer enthalten (200:116x16). Auf dem Vordruck vom Finanzamt tragen Sie die vereinnahmte und die gezahlte Mehrwertsteuer ein und überweisen nur noch 160 minus 27,58 Euro = 132,42 Euro ans Finanzamt. Falls Sie einmal mehr Vorsteuer gezahlt als eingenommen haben, können Sie die Differenz sogar vom Finanzamt zurückverlangen.

In den ersten beiden Jahren nach der Existenzgründung zahlen Sie die Vorsteuer monatlich, danach vierteljährlich. Sie müssen dazu ein (unkompliziertes) Formular ausfüllen, das Ihnen das Finanzamt zuschickt, und das Geld bis zum 10. des Folgemonats überweisen. Nach Ablauf des Jahres wird dann endgültig abgerechnet.

Einfache Umsatzsteuer-Vorauszahlung

Achtung: Lassen Sie sich eine „vorsteuerabzugsfähige Rechnung" geben, wenn Sie etwas ab 100 Euro einkaufen. Auf so einer Rechnung steht der Preis mit gesondert ausgewiesener Mehrwertsteuer, dazu Ihr Name bzw. Ihr Firmenname und das Datum.

„Vorsteuerabzugsfähige" Rechnung

Gewerbesteuer – nicht für jeden

Gewerbesteuer müssen nur gewerbliche Unternehmen, GmbHs und AGs zahlen (siehe aber Seite 164). Bei einem Einkommen bis zu 30.000 Euro müssen Einzelunternehmer keine Gewerbesteuer zahlen, danach steigt sie stufenweise an. Zum Ausgleich können sie die Gewerbesteuer als Betriebsausgabe geltend machen und senken so die Einkommensteuer. GmbHs müssen ab dem ersten verdienten Euro zahlen, dafür senkt aber das Einkommen der Geschäftsführer den Gewinn und damit die Steuer. Die Gewerbesteuersätze unterscheiden sich je nach Gemeinde. Falls Sie kein Freiberufler sind, erkundigen Sie sich am besten genauer bei Ihrem Steuerberater, dem Finanzamt oder auch der zuständigen Kammer, was alles auf Sie zukommt.

Freiberufler, Gewerbe, GmbH? Mehr über unterschiedliche Formen der Selbstständigkeit lesen Sie auf Seite 9 und mehr über Rechtsformen ab Seite 70.

Berater finden: Wer hilft weiter?

In Sachen Steuern hängt sehr viel von Ihrer persönlichen Situation, aber auch vom Ermessen des Finanzamtes ab. Sprechen Sie ruhig auch einmal mit Ihrem Sachbearbeiter im Finanzamt, wenn Sie konkrete Fragen haben. Das hat den Vorteil, dass Sie Ihn auch einmal kennen lernen und die Auskunft kostenlos und vermutlich korrekt ist.

Finanzbeamte kann man fragen!

Wann lohnt ein Steuerberater?

Eine umfassende strategische Beratung bekommen Sie von Ihrem Steuerberater, der Ihnen auch die Steuererklärungen machen kann, natürlich zu einem gewissen Preis. Das lohnt sich trotzdem, vor allem wenn der Steuerberater sich mit den Möglichkeiten Ihrer Berufssparte auskennt, Sie über aktuelle Gesetzesänderungen informiert oder auch Ihren Finanzbeamten gut einschätzen kann. Wenn Sie wenig verdienen, zahlen Sie für seine Dienste auch nicht allzu viel, da die Gebühr vom Einkommen abhängt. Der Steuerberater hat dann aber finanziell gesehen auch wenig Interesse, Sie besonders über Einsparmöglichkeiten zu beraten. Für die Buchhaltung oder Erstellung Ihrer Steuererklärung können Sie sich auch einen freien Buchhalter suchen.

Mehr erfahren Sie im Infoletter „GründerZeiten", Nr. 34: Steuern, kostenlos herunterzuladen oder zu bestellen unter ☞ http://www.bmwi.de > Bestellservice > Nach Zielgruppen > Existenzgründer.

Mitglieder im Bund der Steuerzahler bekommen zahlreiche Online-Tipps und einen Steuerleitfaden für Jung-Unternehmer als PDF unter http://www.steuerzahler.de. Zahlreiche Tipps gibt es auch unter ☞ http://www.steuernetz.de. Der Steuerberaterverband bietet einen „Steuerberatersuchservice" unter ☞ http://www.dstv.de.

11. Alles im Griff?
Mehr schaffen, weniger arbeiten

Provokativ gesagt: Als Angestellter kann es Ihnen theoretisch egal sein, wie ineffizient Sie arbeiten. Sie werden meist schon für Ihre Anwesenheitszeit bezahlt, und wenn in dieser Zeit nicht viel passiert, hat das keine unmittelbaren Folgen für Sie. Aber als Selbstständiger müssen Sie selbst dafür sorgen, dass Sie wieder freie Abende und Wochenenden haben, dass Sie keine Arbeit doppelt machen und Eilaufträge schnell erledigen können. Last but not least: Je mehr Ergebnisse Sie in kurzer Zeit erzielen, desto mehr Geld werden Sie verdienen – bei weniger Arbeitszeit. Mit ein paar Grundüberlegungen können Sie also Ihr Einkommen steigern oder Ihre Freizeit verlängern – oder sogar beides.

Durchblick im Datendschungel

Wissensmanagement muss sein!

Gerade für hoch qualifizierte Berufe wird gezieltes Wissensmanagement immer wichtiger. Als freier Journalist brauchen Sie ein gut sortiertes Archiv mit Quellen, Texten und Ideen. Beraterinnen und Pädagogen brauchen Schulungskonzepte, jeder Selbstständige eine Kundenkartei. Versuchen Sie, das richtige Maß zu finden: Mancher tüftelt gern tagelang an seinem Archiv herum und vergisst darüber die Akquise, andere schichten Zettel über Zettel und finden irgendwann bei einem wichtigen Anruf den dazugehörigen Vorgang nicht mehr. Wichtig ist, dass Sie sich einmal ein Ablagesystem überlegen und dann alle Dokumente nur einmal in die Hand nehmen: zur Bearbeitung mit sofortiger Archivierung (oder sofortigem Wegwerfen). Denn ein Stück Papier, das nicht einsortiert ist, finden Sie nie genau dann, wenn Sie es brauchen, dafür versperrt es Ihnen den Zugang zu anderen Sachen. So wird aus einer wertvollen Information de facto Müll. Also: Alles, was Sie nicht unbedingt in einigen Monaten noch brauchen werden, sollten Sie sofort wegwerfen. Die lästige Ablage wird damit ein Bruchteil so aufwändig wie sonst.

Ablagesystem

Papier oder PC?

Um Platz zu sparen und schnelleren Zugriff auf Daten zu haben, sollten Sie möglichst wenig auf Papier aufbewahren. Wenn Sie oft Informationen aus umfangreichen Texten suchen müssen, kann es sogar lohnen, Dokumente einzuscannen. Unterlagen fürs Finanzamt allerdings heben Sie besser auf Papier auf – das ist auch in zehn Jahren noch lesbar, und Prüfer müssen nicht an Ihrem Computer sitzen, um alte Dateien zu durchforsten.

Falls Sie eingehende Dokumente nicht sofort bearbeiten können, legen Sie ein aktuelles Fach an für die Dinge, die Sie bald bearbeiten müssen, zum Beispiel unbeantwortete Anfragen, unerledigte Aufträge, offene Rechnungen oder Veranstaltungshinweise.

Systematisch sortieren

Ihre Dauer-Ablage sortieren Sie am besten nach Kategorien, zum Beispiel Steuern, Versicherungen, Krankenkasse, Altersvorsorge, Bank, Kunden und Aufträge, Werbemaßnahmen, Weiterbildung, Anschaffungen. Bilden Sie möglichst gleiche Kategorien in Papier- und elektronischen Ordnern. Wenn Sie den Überblick verlieren und nicht mehr wissen, dass zu dem Aktenordner auch noch drei wichtige E-Mails gehören, notieren Sie Querverweise.

Adressverwaltung

Kontaktdaten „nutzbar" halten!

Für Visitenkarten reicht es meist, einen Sammelordner oder Karteikasten aufzustellen. Sobald Ihre Kontakte aber unübersichtlich werden, empfiehlt sich eine elektronische Verwaltung: entweder als selbst gebastelte Datei mit Programmen wie Excel oder Access, oder in Outlook oder anderen Verwaltungsprogrammen. Ein Adressbuch auf Papier ist nützlich, wenn Sie viel ohne Laptop unterwegs sind, ansonsten ufert es aber schnell aus, veraltet und lässt sich auch nicht so schön mit Kommentaren versehen, mit Dokumenten verknüpfen oder nach verschiedenen Kriterien sortieren wie eine elektronische Datensammlung.

Computer-Sicherheit

Schutz vor Datenverlust

Der Nachteil, wenn man viele Daten elektronisch speichert: Sie sind gegenüber Hackern, Viren und Computer-Crashs besonders empfindlich. Sichern Sie also wichtige Dateien regelmäßig auf Diskette, CD oder einer zweiten Festplatte. Ihr Wissen ist schließlich Ihr größtes Kapital! Besorgen Sie sich auch einen Firewall und aktuelle Virenschutz-Software. Ein einfacher, aber wirksamer Virenschutz: Suspekte E-Mails nicht öffnen (mit Rechtsklick und „Eigenschaften" können Sie mehr über den Absender herausfinden).

Es empfiehlt sich auch, getrennte E-Mail-Adressen für die Veröffentlichung auf Ihrer Website und für persönliche Kontakte zu Ihren Kunden anzulegen (zum Beispiel „anfragen@..." versus „IhrName@..."). Denn die Werbeprofis unter den E-Mail-Versendern verwenden Suchmaschinen, um E-Mail-Adressen aus dem Netz zu sammeln. So wird Ihre öffentliche Adresse mit der Zeit immer mehr Werbe-Mails bekommen, vor allem, wenn Sie Ihre Website bekannt machen und bei Suchmaschinen anmelden. Wenn der Mail-Müll überhand nimmt, können Sie die Adresse zur Not löschen, dann brauchen die Suchmaschinen wieder eine Weile, bis sie Ihre neue Adresse aufgespürt haben. Die persönliche Adresse, die Sie für Ihren Kundenkontakt verwenden, bleibt aber bestehen.

So vermeiden Sie Werbe-Mails

Und wenn Sie für die Auftragserledigung vom Computer abhängig sind, ist es auf Dauer sinnvoll, ein Zweitgerät bereitzuhalten (zum Beispiel einen PC und einen Laptop) oder Bekannte zu haben, die Ihnen schnell ein neues Gerät ausleihen können.

Zeitmanagement im Alltag

Sobald Sie Ihre ersten Kunden haben, werden Sie feststellen: Der Tag ist viel zu kurz, um alles zu schaffen. Viele Selbstständige sitzen nicht umsonst abends und am Wochenende im Büro, Freizeit und Freundschaften leiden darunter. Dabei können Sie Ihre Zeiteinteilung stärker beeinflussen als Angestellte, wenn Sie ein paar einfache Techniken berücksichtigen:

Verschaffen Sie sich Freizeit!

Prioritäten setzen

Erledigen Sie wichtige Dinge vor unwichtigen. Das klingt banal, aber lassen Sie sich nicht auch manchmal von Telefonaten, spannender Lektüre oder spontanen Besuchen davon abhalten, wichtige (und vielleicht) unangenehme Arbeiten fertig zu stellen? Legen Sie einmal für sich fest, was für Sie wirklich wichtig ist und was nicht. Was nicht wichtig ist, kommt ganz hinten auf

Wichtiges vor Unwichtigem erledigen

die Liste (und wird gestrichen, wenn Sie sich Ihren Feierabend verdient haben).

Wichtig oder nur dringlich? Zeitmanagement-Trainer unterscheiden hier zwischen wichtigen und dringlichen Dingen: Nur bis zwölf Uhr können Sie an der Umfrage teilnehmen – Ihr Webdesigner geht morgen in den Urlaub, und Sie wollten ihm doch noch ein paar Schönheits-Änderungen für Ihre Website mitteilen? Lassen Sie es einfach sein. Solange Sie noch einen Artikel zu schreiben haben (auch wenn er erst in drei Tagen fällig ist) oder immer noch nicht Ihre Ziele für das laufende Jahr festgelegt haben, machen Sie das zuerst. Wichtiges und gleichzeitig Dringliches erledigen Sie sofort, dann die wichtigen und nicht ganz so eiligen Sachen, erst danach die dringlichen unwichtigen – wenn Ihnen Ihre Freizeit nicht zu schade ist dafür.

Delegieren lernen Lernen Sie also, nein zu sagen. Und lernen Sie zu delegieren. Niemand schreibt Ihnen vor, dass Sie auch noch die Buchhaltung allein erledigen, zu jedem Termin persönlich hingehen und Ihr Büro auch noch selbst putzen müssen. Wer loslässt, gewinnt mehr Freiheit, die er für kreativere Aufgaben nutzen kann – oder um sich zu erholen und Kraft für den nächsten Tag zu schöpfen.

Produktive Phasen nutzen

Arbeiten Sie, wenn Sie fit sind! Um die Aufgaben, die Sie wirklich selbst erledigen müssen, gut zu schaffen, achten Sie auch auf Ihren eigenen Biorhythmus (soweit Sie sich nicht nach Kunden oder Partnern richten müssen). Am frühen Nachmittag sind die meisten Menschen müde, ein kurzer Mittagsschlaf kann Ihnen helfen, die Zeit danach wesentlich besser zu nutzen. Eine Faustregel besagt: 80 Prozent unserer Leistung erbringen wir in 20 Prozent unserer Arbeitszeit. Das heißt für Sie: Erkennen Sie diese 20 Prozent produktivsten Stunden, und halten Sie diese für die Arbeit frei! Wenn Sie abends zwischen fünf und sieben am besten schreiben können, verabreden Sie sich erst danach mit Freunden. Ein kreativer Schub bringt mehr als sieben Stunden Qual ohne Ergebnis.

Störungen aus dem Weg räumen Damit Sie ungestört arbeiten können, gönnen Sie sich ein ruhiges Arbeitszimmer, das für Sie angenehm eingerichtet ist. Kleinkram, kurze Telefonate, E-Mail-Bearbeitung und Ähnliches erledigen Sie am besten blockweise, damit Sie danach längere Zeiten am Stück für schwierigere Tätigkeiten zur Verfügung haben.

Und lassen Sie auch Arbeiten nicht allzu lang liegen. „Aufschieberitis" ist eine weit verbreitete Krankheit, die das Leben nur schwerer macht. Wer sich vier Wochen lang über die bevorstehende Steuererklärung ärgert, bevor er sie (in vier Stunden) erledigt, hat viel mehr gelitten als jemand, der sie sofort in Angriff nimmt und bald darauf abhaken kann.

Den Überblick behalten

Ein gut geführter Terminkalender ist daher eins Ihrer wichtigsten Hilfsmittel. Die elektronische Variante, zum Beispiel in Outlook, hat den Vorteil, dass Sie Adressen und Dokumente damit verknüpfen können, außerdem erinnert Sie bei Bedarf ein Piepton an Ihren nächsten Termin. Wenn Sie unterwegs sind oder Ihr Computer zusammenbricht, werden Sie aber immer noch einen Papierkalender brauchen, den Sie deshalb ebenso pflegen sollten. Manche Leute arbeiten auch gern mit Zeitplanern oder elektronischen Organizern. Überlegen Sie vor so einer Anschaffung aber, ob Sie die Funktionen wirklich weiterbringen oder ob das Ganze nur eine teure Spielerei ist, die Sie nicht nutzen oder die Sie nur von der Arbeit abhält.

Terminkalender: elektronisch oder auf Papier?

Nützlich für den Überblick sind regelmäßig Checklisten: Was muss ich heute erledigen, woran muss ich denken, auf welche Rückmeldung warte ich? Am Ende des Tages gehen Sie diese Listen noch einmal durch, registrieren die Ergebnisse, machen sich Notizen für den nächsten Tag – und überlegen, woran es lag, wenn Sie zu viele Aufgaben nicht geschafft haben.

Checklisten nutzen

Größere Projekte verlieren ihren Schrecken, wenn man sie in überschaubare Zwischenschritte einteilt: Exposee bis übermorgen, dann ein ausgearbeitetes Konzept, dann die einzelnen Abschnitte ausarbeiten, vielleicht mit Zwischen-Abnahmen durch den Kunden … Solche Meilensteine helfen nicht nur Ihnen, sondern informieren auch den Kunden über den Stand der Dinge (und sind eine gute Gelegenheit, schon mal eine Zwischenabrechnung zu machen).

Meilensteine setzen

Und wenn Sie nicht alle Aufträge selbst erledigen können: Versprechen Sie nicht mehr, als Sie schaffen können, sonst gibt es bestimmt keine Folgeaufträge. Andererseits ist es auch sehr ärgerlich, Interessenten abweisen zu müssen. Bauen Sie sich also ein Netzwerk auf, in dem Sie Aufträge weitergeben können, oder stellen Sie Mitarbeiter ein, wenn Sie absehen können, dass Ihr Geschäft sich ausweiten lässt.

Wie viel schaffen Sie selbst?

Wie Sie Netzwerke oder Kooperationen nutzen können, lesen Sie ab Seite 68.

Viele Tipps zum organisierten Arbeiten bietet das Buch von Regina Umland, Den Schreibtisch im Griff. Checklisten von Ablage bis Zeitplanung, Bielefeld: W. Bertelsmann Verlag 2003. ISBN 3-7639-0198-1

Weitere Hinweise finden Sie unter ↬ http://www.akademie.de > Business > Tipps & Tricks > Betriebsorganisation.

12. Weiterentwicklung: Chancen und Risiken

Wenn Sie die ersten Monate der Existenzgründung bewältigt haben, kann man Ihnen wirklich gratulieren. Sie haben Ihre Idee ausgearbeitet und verwirklicht, Sie haben Finanzen und Formalitäten organisiert, die ersten Kunden zahlen Geld für Ihre Arbeit. Vielleicht hat sich auch schon eine neue Routine eingestellt, mit der Sie sich wohl fühlen. Dennoch ist Ihr Leben unsicherer als das eines Angestellten. Sie müssen immer wieder innehalten und beobachten, wie Ihr Geschäft läuft – und ob Sie weiterhin mit dem zufrieden sind, was Sie machen.

Krisen überwinden: Die Zukunft vor Augen

Lassen Sie sich dabei durch Probleme nicht gleich entmutigen! Selbstständiges Arbeiten ähnelt manchmal dem Aktienhandel: Es ist eigentlich gar nicht „vorgesehen", dass Sie von Anfang an Gewinne machen und Ihr Umsatz ununterbrochen steigt. Rückschläge gehören zum Geschäft, sonst wäre etwas faul an der Sache. Die Kunst liegt darin, die Risiken überschaubar zu halten, Rücklagen zu bilden und seine Ziele beharrlich zu verfolgen. Wenn alle anderen aufgegeben haben, Sie aber durchhalten, sind Sie konkurrenzlos – und dürften mit etwas Glück bald wieder Ihr Auskommen finden.

Rückschläge sind normal!

Phasen ohne Aufträge können Sie nutzen: um Ihr Konzept zu überarbeiten, sich weiterzubilden, neue Leute kennen zu lernen, sich um die Familie zu kümmern oder einfach Pause zu machen – wer weiß, ob Sie nicht in einem halben Jahr bis über beide Ohren in Arbeit stecken. Eine gewisse Frustrationstoleranz sollten Sie also mitbringen. Klar: Wenn Ihr Kontostand monatlich sinkt, müssen Sie Gegenmaßnahmen ergreifen. Aber lassen Sie sich von Ihren Sorgen nicht lähmen, sondern suchen Sie ruhig und gezielt nach neuen Einnahmequellen.

Flauten sinnvoll nutzen

Und wenn das trotz aller Bemühungen nicht klappt, werfen Sie nicht gleich die Flinte ins Korn. In den USA darf jeder scheitern und wieder von vorn anfangen – diese Einstellung beginnt sich auch in Deutschland langsam durchzusetzen. Ertränken Sie sich also nicht selbst in Selbstvorwürfen. Lernen Sie aber auch aus

Fehler bringen Sie voran! Ihren Fehlern. Schuld sind nicht die „blöden Kunden" und auch nicht nur die „schlechte Wirtschaftslage". Überlegen Sie, woran es gelegen hat. Als Selbstständiger haben Sie die Chance, sich weiterzuentwickeln – und die Verantwortung, Ihr Unternehmen so zu steuern, dass Sie selbst damit glücklich sind.

Mehr erfahren Sie im Infoletter „GründerZeiten", Nr. 14: Insolvenz und Neustart, und Nr. 22: Krisenmanagement, kostenlos herunterzuladen oder zu bestellen unter ⬦ http://www.bmwi.de > Bestellservice > Nach Zielgruppen > Existenzgründer. An gleicher Stelle finden Sie auch zwei ausführliche Sonderhefte des Bundesministeriums für Wirtschaft und Arbeit: Junge Unternehmen. Die Schritte nach dem Start. Früherkennung von Chancen und Risiken in kleinen und mittleren Unternehmen

Profil bilden:
Spezialisierung oder zweites Standbein?

Von den ersten Hürden ...

Anfangs werden Sie vermutlich genug damit zu tun haben, Ihr Alltagsgeschäft zu organisieren. Erste Aufträge kommen oft vom alten Arbeitgeber oder von anderen Kontakten. Sie verfolgen Ihre Idee, haben noch viel Formelles zu regeln und Neues zu lernen.

Ein paar Monate – oder auch Jahre – später werden Sie dann wahrscheinlich Ihre Strategie verfeinern. Ihre Erfahrungen zeigen Ihnen, was der Markt eigentlich will (und was nicht). Sie merken, wie viel Sie selbst schaffen können und wo Sie Hilfe brauchen. Vielleicht finden Sie gute Partner, mit denen Sie in Kooperationen und Netzwerken zusammenarbeiten können. Sie fühlen sich sicherer in der Arbeit, Kunden empfehlen Sie weiter.

... bis zur etablierten Leistung

Schließlich werden Sie Ihr Produkt oder Ihre Dienstleistung so ausgearbeitet haben, dass Sie damit im Markt bestehen können. Sie haben sich einen Ruf erworben, Sie kennen Ihre Zielgruppe und gehen aktiv auf sie zu.

Synergien durch Spezialisierung

Wichtig ist, die richtige Mischung an Leistungen zu finden, um Ihre Existenz zu sichern. Wenn Sie sich stark auf ein Gebiet spezialisieren, haben Sie weniger Arbeit und können Synergien nutzen. Ihre Werbebotschaft ist klar, Sie haben einen Namen. Die Spezialisierung birgt aber auch Gefahren: Das Thema könnte irgendwann komplett wegfallen – Reiseveranstalter, die nur Südchina anbieten, hatten in der SARS-Krise kaum noch Kunden. Sie selbst könnten auch einmal schlicht keine Lust mehr auf die ewig gleiche Arbeit haben.

Ein zu breites Angebot bedeutet andererseits mehr Arbeit. Sie werden nicht so sehr als Spezialist wahrgenommen und reiben sich möglicherweise in dem Bemühen auf, sich ständig auf neue Kundenwünsche einzustellen und auf verschiedenen Gebieten auf dem Laufenden zu bleiben. Doch mehrere Standbeine haben auch klare Vorteile: Das Risiko einer Auftragsflaute sinkt, Sie haben viel Abwechslung und damit vielleicht mehr Erfüllung in Ihrer Arbeit.

Mehr Standbeine – mehr Sicherheit

Eine gute Strategie wäre, genau zwei unterschiedliche Themen zu bedienen. Als Journalistin könnten Sie einerseits über Reisen schreiben, andererseits über Managementthemen. Das ergibt manchmal interessante Schnittmengen: So wären Sie auch für Sonderthemen wie „Incentive-Reisen für Mitarbeiter" der einschlägige Berichterstatter.

Ob Sie sich nun spezialisieren oder nicht: Versuchen Sie auf jeden Fall, einen guten Kundenmix zu erreichen. Auch weniger lukrative Aufträge können sinnvoll sein, wenn sie die Abhängigkeit von Großkunden verringern oder Ihre Arbeit bekannter machen.

Und bleiben Sie am Ball! Weiterbildung ist die beste Investition in Ihre Zukunft. Besuchen Sie Kongresse und Fachmessen, lesen Sie Fachbücher und -zeitschriften, reden Sie mit anderen über ihre Erfahrungen. Gönnen Sie sich Kurse, in denen Sie etwas Neues lernen – ob das nun eine Computersprache ist, die Kunst der Verhandlung oder neue Unterrichtsformen. Solche Investitionen werden sich auszahlen: Wer gut qualifiziert ist und seinen Weg aktiv verfolgt, wird ein Leben lang Arbeit und Aufträge haben.

Entwickeln Sie sich weiter!

13. Erfahrungsberichte: So ging es anderen

Arbeiten, wenn andere Urlaub machen: Eine Theologin als Reiseleiterin

Irmgard Jehle führt Reisegruppen für das Bayerische Pilgerbüro und für Biblische Reisen Stuttgart.

Februar: fünf Tage Rom. März: 14 Tage China, zwei Tage Pause, 12 Tage Kykladen. Eine Woche frei. Über Ostern acht Tage Indien, eine Woche frei. Eine Woche Venedig, zwei Tage frei, zehn Tage Italien ... Dass Irmgard Jehle Anfang Juni überhaupt in München ist, liegt nur daran, dass eine Armenien-Reise ausfällt. So muss sie erst in drei Wochen wieder aufbrechen, diesmal zu einer Rheinkreuzfahrt.

15 Reisen im Jahr

15 bis 20 Reisen muss man im Jahr leiten, um einigermaßen davon leben zu können – so Irmgard Jehles Erfahrung nach fast 30 Jahren Reiseleitung. Sie studierte Katholische Theologie in München und jobbte schon in dieser Zeit beim Bayerischen Pilgerbüro. „Wer als Hilfs-Reiseleiter ein paar Touren begleitet und dann kleine Reisen selbst übernimmt, kann gut feststellen, ob er für diesen Beruf geeignet ist", meint sie. „Reiseleiter sind gesucht, der Einstieg ist nicht schwierig. Aber man muss selbst auf ein Reisebüro zugehen."

Sozialkompetenz und Fachwissen

Persönlichen Draht zur Gruppe aufbauen

Neben dem fachlichen Wissen prüfen Reisebüros bei freien Reiseleitern vor allem die Sozialkompetenz. „Die Reisenden werden immer anspruchsvoller, und als Reiseleiter steht man praktisch dauernd unter Kontrolle", erklärt Irmgard Jehle. „Natürlich gibt es auch Freiräume, aber ich kann nicht nur die Führungen machen, sonst kriege ich nie einen Draht zu der Gruppe." Gerade beim gemeinsamen Essen oder abendlichen Beisammensein kann Irmgard Jehle die Stimmungen und Wünsche ihrer Urlauber am besten erspüren und Kontakte zu den Teilnehmern knüpfen. „Sehr schön ist es natürlich, wenn ich merke, dass die Gruppe Spaß hat und zusammenhält. Und wenn eine Fahrt gut läuft, bekomme ich sofort positive Rückmeldungen." Dann kommt es auch vor, dass die gleichen Touristen im nächsten Jahr extra eine Reise mit Irmgard Jehle aus dem Katalog wählen.

Die Planung fürs nächste Jahr bekommt Irmgard Jehle im September. „Dann legen die Büros die Reisetermine fest, und die Reiseleiter können sich für einzelne Reisen bewerben." Besonders beliebt sind Reisen mit einem zusätzlichen örtlichen Führer, zum Beispiel nach Asien. „In Italien oder Frankreich muss man nicht nur die Organisation vor Ort übernehmen – zum Beispiel Zimmerverteilung oder Programmablauf –, sondern weitgehend auch selbst führen." Andererseits fallen Europa-Reisen in Krisenzeiten nicht so leicht aus. „Flexibilität ist notwendig, und das kann auch bedeuten, das Zielgebiet zu wechseln und sich in neue Themen einzuarbeiten", betont Irmgard Jehle deshalb. „Ein Kollege hat seit 15 Monaten keine Tour mehr gemacht, weil er nur den Nahen Osten kennt."

Welche Länder sind für Reiseleiter attraktiv?

Um eine Reise ganz neu vorzubereiten, braucht Irmgard Jehle einige Wochen. „Die genaue Zeit kann ich gar nicht sagen. Ich bereite nicht nur die einzelnen Objekte vor, sondern lese auch Romane von Schriftstellern aus dem Land und sehe Videos. Gerade Studienreisen machen viele pensionierte Kunden, die viel Zeit zur Vorbereitung haben. Und so viel wie die sollte ich ja mindestens wissen." Ohne ein starkes Interesse an Ländern, Kulturen und den Menschen wäre ihre Arbeit nicht möglich. So reist Irmgard Jehle auch noch privat. Neben Katholischer Theologie hat sie Religionswissenschaften studiert und viel über Kunstgeschichte gelesen. „Außerdem ist es gut, Sprachen zu lernen. Es kann immer sein, dass ich mit einem Kunden ins Krankenhaus oder zur Polizei muss."

Breite Bildung muss sein

Freiheit für die Lebensplanung

Trotz aller Anforderungen findet Irmgard Jehle, dass ihr der Beruf „totale Freiheit" lässt. „Ich kann die Arbeit unterbrechen, wann ich möchte, oder nur einzelne Reisen übernehmen. In der Babypause machte ich nur ein bis zwei Reisen im Jahr und stieg später wieder voll ein. Die Kultur bleibt ja ziemlich gleich, nur die Organisation verändert sich." Sie hat nach dem Studium drei Kinder großgezogen und während dieser Zeit in einer katholischen Gemeinde gearbeitet. „Wer kleine Kinder hat, kann nicht 14 Tage am Stück weg sein." Aber auch als Gemeindeassistentin organisierte Irmgard Jehle einzelne Reisen.

Zeiteinteilung für die Familie

„Dann war es wieder Zeit für etwas Neues: Ich bin zurück an die Uni gegangen und habe über Wallfahrten promoviert. Der Doktortitel ist für Studienreisen sehr nützlich, man hat einfach ein höheres Ansehen bei den Kunden." Einen festen Job bei einem Reisebüro strebt Irmgard Jehle allerdings nicht an: „Der besteht meist nur aus Bürodienst und Organisation. Über 90 Prozent der Reiseleiter sind selbstständig." Mit ihren zwei Haupt-Auftraggebern, Biblische Reisen und dem Bayerischen Pilgerbüro, ist sie sehr zufrieden. „Ich kann zum Beispiel die Bibliothek des Pilgerbüros nutzen, und Biblische Reisen macht Reiseleiter-Treffen, wo man sich austauschen kann." Zwischendurch hat sie auch für andere Reisebüros gearbeitet, aber das wurde zu viel Aufwand. „Und wer für ein bestimmtes Büro arbeitet, sollte sich damit identifizieren und auf den dazugehörigen Kundenkreis einstellen", ergänzt sie. „Allerdings kann es für hauptberufliche Reiseleiter notwendig sein, zur finanziellen Absicherung für mehrere Büros zu arbeiten."

Reisen im Sommer, Kurse im Winter

„Man muss schon gesundheitlich stabil sein und mit Stress gut umgehen können", betont Irmgard Jehle. „Wer im Frühling und Sommer eine Reise nach der anderen qualifiziert und engagiert durchzieht, ist im Oktober völlig erschöpft." Sie selbst muss nicht jede Reise annehmen, da ihr Mann als Lehrer ein sicheres Einkommen hat. „Aber wenn bei anderen, die finanziell darauf angewiesen sind, eine Reise ausfällt, müssen die sofort eine andere übernehmen, auch wenn das nicht unbedingt ihr Spezialgebiet ist." Um das ganze Jahr Geld zu verdienen, geben viele Reiseleiter außerhalb der Saison Volkshochschulkurse oder bereiten Ausstellungen für Museen vor.

Irmgard Jehle selbst gibt im Winter Reiseleiter-Fortbildungen fürs Bayerische Pilgerbüro und Kurse, zum Beispiel in Kunstgeschichte oder Didaktik der Reiseleitung. Die Skripten sind eine zusätzlich Einnahmequelle für sie. „Wer als Reiseleiter eine Familie ernähren will, müsste schon dauernd unterwegs sein, das ist auf Dauer zu viel Stress." Für eine reine Reisebegleitung bekommt man etwa 80 Euro am Tag, mit eigener Führung bis zu 200. Hinzu kommen Verpflegung, Unterkunft, Spesen und Trinkgeld. „Das ist sehr beträchtlich und wird nicht versteuert. Und unterwegs hat man sowieso keine Zeit, Geld auszugeben."

Stattdessen wird Irmgard Jehle schon mal von Beduinen in ihr Zelt eingeladen. „Die haben Tee für uns gekocht und Brot gebacken. Und in einem Sikh-Tempel durften wir einmal alle Zeremonien mitmachen. Das Besondere ist, immer wieder neue Länder, Kulturen und Menschen kennen zu lernen und Kontakte zu knüpfen, die sich manchmal nach der Reise fortsetzen oder bei einer späteren Fahrt vertiefen." In solchen Momenten fühlt sich die Reiseleiterin auch nicht mehr als Einzelkämpferin. „Ein besonders schönes Erlebnis für mich: In China anzukommen und Bekannte zu sehen."

Selbstbestimmt schreiben:
Eine Literaturwissenschaftlerin als Publizistin

Dagmar Giersberg arbeitet als freie Autorin, Lektorin und Korrektorin in Bonn.

„Ich habe das Erste Staatsexamen, auch ein Lehrpraktikum in Frankreich hat mir viel Spaß gemacht. Trotzdem wollte ich nicht unbedingt Lehrerin werden." Dagmar Giersberg studierte Deutsch, Französisch und Deutsch als Fremdsprache und hat schon während des Studiums Erfahrungen als Korrektorin und Publizistin gesammelt: „Ich habe zunächst für kleine Verlage Korrektur gelesen. Über einen Studentenjob bekam ich zum Beispiel Kontakt zu einem kleinen Verlag, für den ich sicherheitspolitische Texte lektoriert habe." Ein weiterer Kontakt brachte ihr das erste Buchprojekt ein: „Ich habe ein Praktikum in Korea gemacht. Eine der Mitpraktikantinnen gründete später den TIA Verlag. Für sie habe ich einen Ratgeber zum Thema ‚Bewerben in den USA' geschrieben." Ein Jahr später folgte das Buch „Studium, Praktika und Jobs in Frankreich".

Einstieg über Studentenjob

Über diese Bücher wiederum bekam Dagmar Giersberg Kontakt zum Deutschen Akademischen Austauschdienst und von dort zum W. Bertelsmann Verlag, wo ihr drittes Buch „Deutsch unterrichten weltweit" erschien. Broschüren für den DAAD und Aufträge verschiedener Organisationen folgten. Gleichzeitig schrieb Dagmar Giersberg ihre Doktorarbeit.

Bücher bringen neue Kontakte

Gleitender Übergang in die Selbstständigkeit

„Die Arbeit als freie Publizistin war nicht so geplant, eins hat sich aus dem anderen ergeben", reflektiert die 32-Jährige. „Ich hätte es schwierig gefunden, mich von heute auf morgen entscheiden zu müssen, mich selbstständig zu machen. Als Studentin konnte ich meine Dienste recht billig anbieten. Und als meine Auftraggeber merkten, dass ich gute Arbeit lieferte, waren sie auch bereit, mehr dafür zu zahlen." So konnte sie schon einen Teil des Studiums mit Schreiben und Lesen finanzieren. „Das ging sehr gut, zumal ich kaum Geld investieren musste", erklärt Dagmar Giersberg. „Die Zeit der Promotion war dann eine Gelegenheit festzustellen, ob ich vom Schreiben würde leben können."

Promotion als Testphase

Dabei verfolgt Dagmar Giersberg bis jetzt keine strenge Strategie. „Fast immer ist es so, dass ich Sachen angeboten bekomme und dann ad hoc entscheide, ob ich das mache", erklärt sie. „Man muss sich noch nicht einmal wahnsinnig toll verkaufen. Ich bin eher zurückhaltend, aber das finden manche Leute ganz sympathisch. Am liebsten überzeuge ich durch gute Arbeit."

Kontakte, Kontakte, Kontakte

Mit Auftraggebern im Gespräch bleiben

Wichtig war für Dagmar Giersberg, während des Studiums viele Erfahrungen zu sammeln und Kontakte aufzubauen. „Mit interessanten Leuten, die einem sympathisch sind, sollte man immer im Gespräch bleiben." Sie bietet früheren Auftraggebern immer wieder Themen an oder fragt nach, ob alles gut gelaufen ist. „Gerade in Behörden sind viele Mitarbeiter überlastet. Dann frage ich nach, ob ich nicht etwas übernehmen soll – und das klappt oft." Viele Aufträge laufen auch über private Bekanntschaften, die teilweise noch aus der Schul- und Studienzeit stammen.

Was macht man – was kann man ablehnen?

„Jedes kleine Projekt ist eine Referenz", betont Dagmar Giersberg. Wenn ein wichtiger Kunde ihr etwas anbietet, macht sie es – auch wenn sie das Thema gerade nicht interessiert. „Anderen Kunden empfehle ich auch mal weitere Freie, die sie beauftragen können." Manche Anfragen kann sie inzwischen ganz ablehnen: „Über die Seite ✆ www.lektorat.de bekomme ich mitunter Angebote zum Korrekturlesen. Da ich die Kunden dann nicht kenne, prüfe ich das Manuskript sehr genau, bevor ich den Auftrag annehme."

Viel Arbeit für finanzielle Sicherheit

60-Stunden-Woche

Eine kritische Phase hat Dagmar Giersberg bisher noch nicht erlebt. „Nach der zweijährigen Anlaufzeit während der Promotion konnte ich vom Schreiben leben." Dafür arbeitet Dagmar Giersberg allerdings zehn Stunden am Tag, sechs Tage die Woche. „Das macht mir nichts aus", sagt sie, „gerade am Wochenende arbeite ich gern, wenn die Geschäfte zu sind und die Kinos überfüllt. Dafür kann ich mal unter der Woche frei nehmen, wenn ich gerade nicht ordentlich denken kann." Das klappt aber nicht immer: „Gerade wenn ich an etwas arbeite, das mich fesselt, muss ich mich am Riemen reißen, um auch mal davon wegzukommen." Schwierig wäre es, wenn der Partner jeden Abend gemeinsam die Freizeit genießen wollte. „Mein Freund ist an der Uni und arbeitet auch sehr viel zu Hause. Zwischendurch tauschen wir uns aus, lesen gegenseitig unsere Texte und beratschlagen uns."

Bei allem Fleiß bleibt doch Zeit für Urlaub: „Auf fünf Wochen im Jahr komme ich wohl", meint die Publizistin. „Dann nehme ich auch keine Arbeit mit. Höchstens überlege ich hinterher, ob ich daraus noch etwas machen könnte." Auch die Kontaktpflege lockert den Alltag auf. „Ich bin einfach flexibler und kann mich auch tagsüber mit Leuten treffen."

Keine Lust auf festen Kollegenstamm

Etwa die Hälfte ihrer Einnahmen erzielt Dagmar Giersberg über eine halbe Stelle bei Cleeves Communication. An einem Telearbeitsplatz arbeitet sie dabei in der Hauptsache an dem Projekt „Landeskunde online" für das Goethe-Institut Inter Nationes. „Bei dieser Arbeit fühle ich mich auch wie eine Selbstständige, aber ich habe die Sicherheit, jeden Monat die Miete und die laufenden Kosten zahlen zu können." Auch ihre Sozialversicherung ist damit geregelt. „Mein Gewinn aus selbstständiger Arbeit ist dadurch recht gering, auch weil ich zum Beispiel Recherche-Reisen von der Steuer absetzen kann."

Halbtagsjob als Absicherung

Ganztags als Angestellte zu arbeiten kann Dagmar Giersberg sich nicht vorstellen. „Ich möchte immer mehrere Projekte nebeneinander machen. Und ich habe gern meine Ruhe und arbeite einfach vor mich hin. Genug Kontakte nach außen habe ich trotzdem, aber darüber kann ich selbst entscheiden. Ich hätte wenig Lust, einfach mit Kollegen zusammengewürfelt zu werden und mir jeden Tag Klatsch und Tratsch anzuhören." Bei Bedarf bietet sie mit einer Philosophin gemeinsam Texte an oder fragt ihren Chef im Angestellten-Job um Rat. „Er hat viele Erfahrungen, vor allem im Projektmanagement kann ich viel von ihm lernen und langsam in größere Projekte hineinwachsen."

Über Kontakte selbst bestimmen

Immer wieder Neues anfangen

Natürlich sieht Dagmar Giersberg auch Nachteile in ihrer Selbstständigkeit: „Als ich noch in einer Ein-Zimmer-Wohnung lebte, fand ich es schrecklich, dass ich mit der Arbeit aufwachte und mit ihr ins Bett ging. Jetzt ist das besser, aber trotzdem hat man nie das Gefühl, richtig fertig zu sein. Sobald man etwas abgeschlossen hat, liegen wieder drei neue Sachen da." Ganz wichtig findet sie es, Abstand zu den Dingen zu haben und pragmatisch zu denken.

„Nie richtig fertig" mit der Arbeit

Ein weiterer Nachteil: Als Selbstständige muss sie jede Weiterbildung selbst bezahlen. „Ich würde gern etwas Neues lernen, zum Beispiel wie man Websites erstellt, doch die Kurse sind zum Teil recht teuer. Aber da ich mich ständig in neue Themen einarbeite, trete ich nicht auf der Stelle. Nur wenn ich eine Sache sehr lange mache, überlege ich manchmal, wie es weitergehen soll."

Für die Zukunft wünscht sich Dagmar Giersberg, mehr im Literaturbereich machen zu können. „Auch ein besserer Stundensatz wäre schön, so dass ich weniger arbeiten müsste. Und vielleicht größere Projekte, die über einen gewissen Zeitraum laufen, zum Beispiel die Redaktion einer monatlichen Zeitschrift. Dann hätte ich eine feste Aufgabe mit klareren Strukturen." Aber insgesamt ist sie zufrieden: „Am liebsten würde ich in fünf Jahren immer noch selbstbestimmt arbeiten, mit einem Team im Hintergrund für umfangreichere Projekte."

 ⮑ http://www.cleeves.de

Außenwirtschaft übers Internet: Ein Kulturwirt als Unternehmensberater

Thorsten Kirschner hat gemeinsam mit Partnern das Unternehmen Virteo gegründet.

Internationales Studium

„Ursprünglich habe ich gar nicht geplant, mich selbstständig zu machen." Thorsten Kirschner studierte Sprachen, Wirtschafts- und Kulturraumstudien in Passau und hatte kein festes Berufsbild vor Augen. „Aber ich wollte auf jeden Fall etwas Internationales machen." Für Wirtschaftsverbände in Niederbayern begleitete er argentinische Unternehmer zu deutschen Geschäftspartnern. Seine Diplomarbeit schrieb er über Markteintrittsstrategien in den lateinamerikanischen Kulturraum, gleichzeitig arbeitete er bei einer Unternehmensberatung in Buenos Aires.

Gründung im Team

Nach diesen Erfahrungen musste Thorsten Kirschner keinen Job mehr suchen: „Bei meinen Lateinamerika-Aktivitäten habe ich den Passauer Ingenieur Franz Kapsreiter kennen gelernt, der internationale Projekte organisierte. Er fragte mich, ob wir nicht zusammen ein Unternehmen aufbauen sollten." Noch während Thorsten Kirschners Diplomprüfungen gründeten die beiden die Mittelstandsberatung BayCom.

Internetplattform als Wettbewerbsvorteil

Allerdings fehlte der Geschäftsidee noch der besondere Pfiff. „Wir waren unbekannt und hatten nicht viel Eigenkapital. Deshalb suchten wir nach einem Wettbewerbsvorteil." Zusammen mit Alexander Kuntz, einem befreundeten Medientechnik-Studenten, kamen sie auf die Idee, eine Außenwirtschaftsplattform im Internet aufzubauen: Das war die Geburtsstunde von Virteo.

„Wir haben sehr viel Zeit – fast zu viel – in die Planung dieser Plattform gesteckt", erinnert sich Thorsten Kirschner. Mittelständische Unternehmen, die Auslandsaktivitäten planten, sollten über das Internet die nötigen Informationen bekommen. „Uns war aber auch klar, dass das Konzept als reines Online-Angebot nicht funktionieren würde." Deshalb bietet Virteo auch persönliche Beratung und Begleitung vor Ort. „Diese Vorsicht war unser Glück, denn viele reine Internet-Unternehmen sind später gescheitert", betont Thorsten Kirschner. „Aber wir bieten heute eines der größten deutschsprachigen Internetangebote für den Außenhandel."

Online-Infos und Vor-Ort-Beratung

Viel Arbeit in der Aufbauphase

Gut ein Jahr brauchten die drei Partner für Konzeption und Kapitalsuche. „Natürlich haben wir auch versucht, Venture Capital zu bekommen – das war im New-Economy-Hype sehr ‚in'", erzählt Thorsten Kirschner. „Ich habe bestimmt zehn verschiedene Versionen unseres Businessplans auf dem Server." Doch kein Investor und keine Bank glaubte an das Konzept der Gründer. „Das war aber auch ganz heilsam, denn so blieben wir am Boden. Viele, die plötzlich mit Millionen hantieren mussten, haben das Gefühl für Geld verloren." Virteo dagegen musste von Anfang an Projekte suchen, die Gewinn einbrachten.

Kein Geld von Investoren

Finanzielle Unterstützung fand Thorsten Kirschner dann doch: „Ich habe das Flügge-Stipendium des Bayerischen Staates bekommen. Dafür brauchte man einen Businessplan und einen Lehrstuhl, der einen unterstützte." Das Stipendium finanzierte ihm eine halbe Assistentenstelle an der Uni Passau. Am Lehrstuhl für Südostasienkunde sammelte er Erfahrung in der deutsch-asiatischen Zusammenarbeit – eine gute Qualifikation für seine Unternehmenspläne. Sein Partner Franz Kapsreiter arbeitete nebenbei weiter als Ingenieur, während sie gemeinsam die VirteoNet GmbH aufbauten.

Halbe Stelle …

„Das war eine heftige Zeit", erinnert sich Thorsten Kirschner. „Wir haben eigentlich rund um die Uhr gearbeitet, es gab keine freien Tage und keinen Urlaub. Alexander Kuntz studierte in Ilmenau, wir haben uns am Wochenende zur Planung getroffen." Natürlich kam da öfter der Gedanke ans Aufgeben. „Ohne Überzeugung geht es nicht", findet Thorsten Kirschner. „Auch wenn zehn andere sagen, das ist nichts, muss man es durchziehen."

… plus voller Einsatz

Der Weg zum ersten Kunden

Bei mehreren Businessplan-Wettbewerben bekamen die Gründer viel Kritik zu hören. „Das hat uns aber auch geholfen, unser Konzept am Markt auszurichten. Viele kümmern sich zu sehr um

Harter Wind im Wettbewerb

ihr Produkt und zu wenig um den Vertrieb. Die Kunden kommen aber nicht von selbst. " Thorsten Kirschners Rat: „Man sollte nicht perfektionistisch sein, sondern zusehen, dass man an die ersten kleinen Projekte kommt und sich dann weiterentwickelt. "

Bundespreis Multimedia

Diese Beharrlichkeit zahlte sich schließlich aus: „Wir gewannen den Bundespreis Multimedia 2001 für unsere Plattform. Das war ein Riesen-Sprung nach vorn für unsere Motivation und für die Außenwirkung. " Bei einem Gründertreffen lernte Thorsten Kirschner dann einen pensionierten BMW-Direktor kennen und bat ihn um Unterstützung als Coach. „Über ihn bekamen wir Kontakt zum Deutschen Luft- und Raumfahrtzentrum (DLR) und unser erstes größeres Projekt: Wir haben für eine Ausgründung des DLR den Markteintritt in Asien und den weltweiten Vertrieb konzipiert. "

Der Kundenstamm wächst

Damit war der Damm gebrochen: Mit dieser Referenz konnten neue Kunden etwas anfangen. Weitere Aufträge kamen, auch über Kontakte von Franz Kapsreiter. „Er hatte aus seiner Berufslaufbahn schon ein gutes Netzwerk", erklärt Thorsten Kirschner. „Es bringt viel, erfahrenere Leute als Partner oder Coach dabei zu haben. "

Freie, Feste, Netzwerke

Guter Mix an Mitarbeitern

Für größere Aufträge rekrutiert Virteo viele freie Mitarbeiter über die Uni Passau oder das eigene weltweite Partnernetzwerk. „Im Beratungsgeschäft ist der Aufwand schwer kalkulierbar, einen Monat passiert gar nichts, dann kommt man wieder nicht hinterher. Dafür sind freie Mitarbeiter wichtig. " Inzwischen expandiert Virteo und sucht vermehrt Angestellte: „Je aufwändiger die Projekte werden, desto besser müssen unsere Mitarbeiter sich schließlich auskennen. "

Als Geisteswissenschaftler in der Technikbranche

Dass bei den Beratungsprojekten viele Geisteswissenschaftler mitwirken, findet Thorsten Kirschner gut. „Gegenüber Betriebswirten und Technikern habe ich als Kulturwirt einen Vorteil", sagt er. „Wir arbeiten für viele Unternehmen mit hoch technischen Produkten, da ist es nicht schlecht, auch mal einen anderen Ansatz reinzubringen. " Technisches Verständnis ist allerdings wichtig. „Das Management-Team besteht aus zwei Ingenieuren und zwei Kulturwirten. Das ist eine gute Mischung. "

Netzwerke – planvoll aufgebaut

Zusätzlich kooperiert Virteo mit einem weltweiten Netzwerk anderer Dienstleister. „So können wir dem Kunden einerseits mehr Service bieten und andererseits Aufträge direkt von Partnern erhalten. " Dieses Netzwerk haben die Gründer planvoll aufgebaut: Sie sprachen mit Unis, Wirtschaftsbehörden, Kammern und Botschaften in Deutschland, Asien und Südamerika. „Wenn man einen möglichen Kooperationspartner anspricht, darf man nicht nur als Bittsteller auftreten", weiß Thorsten Kirschner. „Es muss immer auf Gegenseitigkeit beruhen. Mit manchen arbeiten wir jede Woche zusammen, mit anderen nur einmal im Jahr; aber wir tauschen immer wieder Informationen aus."

Vom Mit-Arbeiter zum Manager

Inzwischen bearbeitet der Jungunternehmer Projekte kaum noch selbst. „Anfangs musste ich alles allein machen: Finanzierung, Marketing, Werbung und Beratung. Inzwischen delegiere ich fast nur noch. Ab fünf Personen sind Führungsqualitäten gefragt, aktuell sind wir schon 15."

Da müssen Entscheidungen auch gegen Widerstände durchgesetzt werden. Insgesamt findet Thorsten Kirschner den Wechsel zum Management aber sehr angenehm. „Man muss nicht mehr jede Kleinigkeit selbst machen. Dafür muss man über immer mehr Sachen den Überblick behalten – das erfordert ganz neue Qualifikationen. Jeder Mitarbeiter hat einen anderen Arbeitsstil, und das muss man mit den Kundenwünschen in Einklang bringen." *Neue Anforderungen als Chef*

Daneben kümmert sich Thorsten Kirschner auch um die Finanzen. „Das habe ich mir alles selbst angeeignet. Ich hatte zwar auch Rechnungswesen im Studium, aber das habe ich gehasst, weil es so abstrakt war." Inzwischen berät der Jungunternehmer sogar andere Gründer in Finanzierungsfragen. „Ich hätte nie gedacht, dass das so einen Spaß machen würde! Die Finanzierung ist für viele ein Problem, auch für Betriebswirte, aber sie ist einfach wichtig." *Zum Fachmann für Finanzen werden*

Meist arbeitet Thorsten Kirschner von sieben Uhr morgens bis acht Uhr abends. „Da muss das Privatleben natürlich zurückstecken, einige Freundschaften halte ich mehr auf Sparflamme", sagt er. „Aber dafür können wir von unserem Unternehmen schon gut leben." Nur das Image des Unternehmers in Deutschland ärgert Thorsten Kirschner: „Die Leute sehen immer nur, dass man plötzlich ein großes Auto fährt, aber welches Risiko dahinter steckt und welche Verantwortung man trägt, berücksichtigen sie nicht." *13-Stunden-Tage normal*

Für die Zukunft wünscht sich Thorsten Kirschner, dass sich Virteo in Deutschland als Marke für Auslandsaktivitäten etabliert. „Das ist der Augenblick, wo die Kunden von selbst kommen", meint er. „Als junger Dienstleister ist das schon eine große Herausforderung. Ich denke aber, dass wir durch unsere Internetplattform auf dem besten Weg sind." Persönlich möchte er noch mehr reisen: „Ich bin zurzeit zwei- bis dreimal jährlich in Asien und Lateinamerika. In Singapur und Brasilia hat *Expansion ins Ausland*

Virteo bereits Auslandsbüros eröffnet, langfristig sollen eigene Standorte in den wichtigsten Ländern aufgebaut werden. Im Ausland zu arbeiten macht mir immer noch am meisten Spaß."

 ⇕ http://www.virteo.com

Marktlücke auf dem Land: Eine Politologin als Meinungsforscherin

Barbara Vielhaber macht Befragungen für Politik und Wirtschaft.

Erfahrung bei Emnid

Wählerumfragen, Gruppendiskussionen und soziale Studien – das macht das Emnid-Institut in Bielefeld für nationale und internationale Kunden. Dort arbeitete Barbara Vielhaber als Studienleiterin, nachdem sie ihren Magister in Politik, Geschichte und englischer Literatur erworben hatte. „Aus privaten Gründen verschlug es mich dann ins Sauerland", erzählt sie. Zunächst ein Problem für die Wissenschaftlerin: Hier gab es keinen geeigneten Arbeitgeber, nur kleine Dörfer und viel Landwirtschaft.

... umgesetzt im Sauerland

Für Barbara Vielhaber ein Anreiz, sich selbstständig zu machen: „Bei Emnid hatten wir schon darüber gesprochen, dass es auf der kommunalen Ebene einen großen Bedarf an Meinungsforschung gibt. Aber die großen Institute sind für diese Klientel zu teuer und können nicht die nötige intensive begleitende Beratung anbieten. So dachte ich mir, ich versuche es einfach mal als One-Woman-Show."

Einstieg über ein Testprojekt

Erste Befragung zum Einzelhandelsstandort

Um ihre Chancen auszuloten, bot Barbara Vielhaber ihrem Bürgermeister an, eine Befragung durchzuführen. Die Gemeinde wollte den Einzelhandelsstandort mit einer neuen Fußgängerzone stärken. „Ich habe angeboten, eine Studie mit der gleichen Qualität wie bei Emnid durchzuführen, nur billiger." Das Rathaus stellte die Telefone, der Einzelhandel schickte Mitarbeiter zum Telefonieren. Barbara Vielhaber konzipierte die Befragung, schulte die Interviewer und wertete die Ergebnisse aus. „Auf der Basis dieser Erfahrung habe ich beschlossen, mich mit dieser Arbeit selbstständig zu machen." So gründete sie das Büro kmf vielhaber für Kommunale Meinungsforschung.

Studien für Politik und Verwaltung

Seitdem hat sie viele Studien in Nordrhein-Westfalen durchgeführt, zum Einkaufs- oder Verkehrsverhalten, zur Lebens- und Wohnzufriedenheit oder zur Identifizierung der Bürger mit ihrer

Gemeinde seit der Gebietsreform. Vor Kommunalwahlen erfragt sie die Bekanntheit der Kandidaten oder wichtige Handlungsfelder für die Politik. Besonders gern macht sie Mitarbeiterbefragungen in Kommunalverwaltungen: „Da kann man viel Beratung leisten, die auch am häufigsten umgesetzt wird: Wie kann die Verwaltung bürgernäher werden, wie können Abläufe gestrafft werden? Das funktioniert nur mit einem Experten von außen, damit die Mitarbeiter Vertrauen in die Anonymität der Befragung haben."

Der Standort auf dem Land hat sich als optimal herausgestellt: „Das war für die Meinungsforschung ein weißer Fleck auf der Landkarte, ich habe hier keine Konkurrenz." Die ersten Jahre musste sie allerdings viel Überzeugungsarbeit leisten. „Manche Stadtplaner hatten Vorbehalte, ob sie eine professionelle Erhebung wirklich brauchten. Aber jetzt wird aus einem Projekt das nächste geboren." Viele Kunden machen Wiederholungsstudien, ihre Befragungen haben eine große Öffentlichkeitswirkung: „Erst werden sie in der Zeitung angekündigt. Nach der Durchführung werden die Ergebnisse auf einer Pressekonferenz oder bei einer Bürgerversammlung vorgestellt. Das interessiert auch die Nachbarkommunen."

Das Geschäft läuft an

Sichtbarkeit in der Öffentlichkeit

Barbara Vielhaber ist bei der Präsentation der Ergebnisse immer dabei. Als größeres Akquiseprojekt hat sie außerdem eine Mehr-Themen-Befragung aufgelegt. „Jedes Jahr verschicke ich ein Mailing an Kommunalverwaltungen, Verbände, Unternehmen, Kultureinrichtungen und Medien und biete ihnen an, in einer großen Erhebung in der Region ihre eigenen Fragen mit unterzubringen."

... auch durch gezielte Akquise

Für dieses Mailing sucht sie die richtigen Ansprechpartner aus Telefonbüchern oder Branchenverzeichnissen oder durch einen kurzen Anruf in der Zentrale. „Sonst landet das Anschreiben sofort im Papierkorb", weiß sie. „Anschließend fasse ich immer telefonisch nach. Man sollte sich nie darauf verlasen, dass man auf dem Postweg etwas erreichen kann. Das Mailing ist wichtig, damit die Leute etwas in der Hand haben, aber dann muss man anrufen und einen Gesprächstermin vereinbaren." So kann sie Einzelheiten des Projekts darstellen. „Es ist auch ganz wichtig, dass der andere sich ein Bild von mir machen kann. Selbst wenn er aktuell nicht auf mein Angebot eingeht, erinnert er sich an mich, wenn er ein paar Jahre später Bedarf an einer Umfrage hat."

Persönliche Ansprache ist wichtig

Um bekannter zu werden, hält Barbara Vielhaber gelegentlich an der IHK Seminare zur Marktforschung für mittelständische

Unternehmen. „Ich erkläre, wie Marktforschung funktioniert und warum es mehr bringt, wenn man sich kompetent beraten lässt." Am wichtigsten findet sie es, auf die Bedürfnisse des Kunden zu hören. „Ich stelle dem Kunden immer ein individuelles Angebot zusammen. Die Studie muss so aufgebaut sein, dass sie genau die Informationen liefert, die der Kunde braucht." Unabdingbar für eine vertrauensvolle Zusammenarbeit ist auch Zuverlässigkeit. „Ich muss mir gut überlegen, welche Zusagen ich einhalten kann. Wenn man zuviel verspricht, kann man die Weiterempfehlung vergessen", warnt sie.

Mitarbeiter und Netzwerke

Phasenweise hat Barbara Vielhaber sehr viel Arbeit, dann wieder fast gar keine. „Wenn zwei Befragungen gleichzeitig laufen, schlagen wir hier Rad." Die wissenschaftliche Arbeit macht sie allein, für Schreibarbeiten beschäftigt sie zwei freie Mitarbeiterinnen, Telefonbefragungen übernimmt ein professionelles Studio nach Barbara Vielhabers Anweisungen. Bei der Umsetzung der Ergebnisse kooperiert sie zum Beispiel mit Stadtplanungsbüros. „Es ist wichtig, dass man gute Partner hat, um sein Angebot abzurunden", betont die Meinungsforscherin. „Netzwerke helfen sehr viel. Ich bin im Verband deutscher Unternehmerinnen aktiv und habe darüber die Leiterin meines Telefonstudios kennen gelernt."

Gelegentlich überlegt Barbara Vielhaber auch, mit jemandem fest zusammenzuarbeiten oder Mitarbeiter einzustellen. „Aber ein Partner müsste die gleiche Qualifikation haben, und davon gibt es hier kaum jemanden. Und um die Auslastung für einen Mitarbeiter zu garantieren, müsste ich mehr Akquise machen. Es hat doch große Vorteile, wenn man nur für sich selbst sorgen muss." Die Verwaltung schafft sie allein: „Ich gelte als Unternehmensberaterin und muss keine Gewerbesteuer zahlen. Mein Steuerberater hat mir alles erklärt und nimmt mir kompliziertere Dinge ab. So brauche ich für die Buchhaltung nur zwei Stunden im Monat."

Vom Kindergarten ins Büro

Wenn Barbara Vielhaber in Vollzeit arbeiten würde, könnte sie sich und wohl auch die Familie davon ernähren. „Zurzeit reagiere ich auf Anfragen, mache aber wenig eigene Akquise, weil ich mich auch um die Kinder kümmere", sagt sie. Die beiden Älteren gehen morgens in den Kindergarten, das Baby wird von einer Haushaltshilfe versorgt, während Barbara Vielhaber arbeitet. „Ich habe ein großes Büro hier im Haus. Nachmittags können die Kinder bei mir basteln und spielen, wenn ich mich nicht sehr konzentrieren muss."

Für Kundengespräche oder um neue Konzepte zu entwickeln, verteilt sie die Kinder auf Großeltern oder Freundinnen; dafür kümmert sie sich an anderen Nachmittagen ganz um ihre und andere Kinder. „Abends bin ich dann noch zwei oder drei Stunden im Büro", schließt sie, „und auch am Wochenende sehe ich zumindest die Post durch. Ich finde, die Selbstständigkeit ist sehr gut mit der Familie vereinbar." Ihr Mann arbeitet tagsüber außer Haus. „Jeder muss selbst entscheiden, ob er die Kinder den ganzen Tag abgeben möchte. Ich habe sie lieber bei mir, so oft es geht."

Kinder flexibel versorgt

Auch mit dem Urlaub hat Barbara Vielhaber keine Probleme: „Das kann ich mir selbst einrichten, solange ich meinen Kunden rechtzeitig Bescheid sage. Zur Not gebe ich ihnen meine Handynummer oder höre häufiger den Anrufbeantworter ab." Dass sie viel allein entscheiden kann, findet Barbara Vielhaber einen großen Vorteil der Selbstständigkeit. „Ich bin nur mir selbst gegenüber verantwortlich und kann meine Zeit selbst gestalten."

Großes Plus: Entscheidungsfreiheit

Träume verwirklichen

Im Studium hätte Barbara Vielhaber nie gedacht, dass sie sich selbstständig machen könnte. Auch die ersten Jahre waren nicht einfach: „Ich musste erst beweisen, dass ich gute Arbeit leisten konnte", erzählt sie. „Ich habe mich oft allein gefühlt und viele Nächte schlecht geschlafen, alles war noch schwammig. Aber jetzt ist es sehr befriedigend zu sehen, dass man es schaffen kann. Ich habe ein gutes Netzwerk aufgebaut, und die Sache läuft rund."

Von schwierigen Anfängen ...

So würde Barbara Vielhaber nicht mehr so schnell in ein Angestelltenverhältnis wechseln wollen. „Eigentlich möchte ich, dass es so weitergeht. Es gibt einen großen Bedarf an Marktforschung in der mittelständischen Wirtschaft, diesen Bereich möchte ich weiter entwickeln." Auch ihre Kooperationen mit anderen Büros würde sie gern ausbauen: „Ich könnte mit Architekten, Stadtplanern oder Unternehmensberatern eine Bürogemeinschaft eingehen", überlegt sie. „Zusammen könnten wir eine Vielfalt an Dienstleistungen anbieten, und ich hätte jemanden für den Gedankenaustausch."

... zu einer viel versprechenden Zukunft

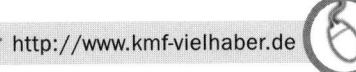 http://www.kmf-vielhaber.de

Gute Presse, volle Kurse:
Ein Psychologe als Yogalehrer

Yoga-Kurse neben dem Studium

Jivamukti-Ausbildung in New York

Feste Stellen: Uni und Personalberatung

Nebenbei weiter Yoga unterrichtet

Patrick Broome hat das Jivamukti Yoga Center in München eröffnet.

„Ich finde es interessant, wie man über Körperarbeit die Psyche beeinflussen kann. Deshalb habe ich neben dem Studium Yoga gemacht und mich zum geprüften Yogalehrer ausbilden lassen." Der Kurs am Zentrum für Naturheilkunde dauerte dreieinhalb Jahre. Danach gab Patrick Broome in Fitness-Studios Yogaunterricht.

Etwas später kam die Erleuchtung: „Ich habe einen ganz besonderen Yogastil entdeckt – Jivamukti- oder Power-Yoga. Deshalb habe ich über zwei oder drei Jahre am Jivamukti Yoga Center in New York Workshops besucht. Und weil ich die beiden Lehrer, Sharon Gannon und David Life, sehr schätzen lernte, habe ich dann eine einjährige Ausbildung bei ihnen gemacht."

Zu diesem Zeitpunkt hatte Patrick Broome sein Psychologie-Diplom abgelegt. Neben der Promotion unterrichtete er an der TU München Arbeits- und Organisationspsychologie. „So konnte ich genug Geld für die Yoga-Ausbildung sparen. Allerdings musste ich in New York noch an der Rezeption des Yoga-Centers arbeiten und Gebrauchsanweisungen für BMW übersetzen – rund zehn Stunden Jobben am Tag, um das Jahr zu finanzieren."

Schon damals liebäugelte der gebürtige Amerikaner damit, sich als Yoga-Lehrer selbstständig zu machen. „Ich wusste aber, dass ich in New York damit keinen besonderen Lebensstandard erreichen würde", erklärt er. So nahm er zunächst ein Angebot der Ludwig-Maximilians-Universität in München an und arbeitete dort zwei Jahre in der Lehrerausbildung. Danach wechselte er zu einer Personalberatung, wo er einen Selbstmarketing-Test und einen Gesundheits-Check entwickelte sowie Coachings und Assessments durchführte.

Erfahrung aus dem Nebenberuf

Neben seinen Vollzeitstellen unterrichtete Patrick Broome weiter in verschiedenen Fitness-Studios Yoga – vier bis fünf Stunden pro Woche, abends und am Wochenende. Außerdem fing er an, Workshops zu organisieren, zu denen er auch seine Lehrer aus New York einlud. „Damals war ich der Einzige, der Jivamukti-Yoga in München unterrichtete. Die Nachfrage wurde immer größer, viele Schüler fragten mich, ob ich nicht ein eigenes Center dafür hätte. Es hat mich geärgert, dass ich diesen Leuten nicht mehr bieten konnte."

So überlegte Patrick Broome, nur noch halbtags angestellt zu arbeiten und nebenbei eine eigene Yoga-Schule aufzumachen. Doch die Wirtschaftsflaute zwang ihn zu einer schnelleren Entscheidung: Seine Stelle wurde gestrichen. „Genau diesen Anstoß habe ich eigentlich gebraucht. Mir war sofort klar, dass ich mich selbstständig machen würde. Und damit ging die totale Rennerei los", erinnert sich Patrick Broome. „Vor allem in den ersten drei Monaten war ich völlig fertig."

Gründen statt neu bewerben!

Schneller Start

Den Standort immerhin fand er, ohne zu suchen. „Ich konnte Räume meines alten Arbeitgebers übernehmen. Der Standort in der Münchener Schellingstraße ist genial. Das Viertel ist aufgeschlossen und modern, die Schule liegt in der Nähe der Universität, den ganzen Tag laufen Leute vorbei." Vor der Entscheidung ließ er zwei Freunde, die seit Jahren selbstständig sind, den Raum begutachten und die Kosten für die Einrichtung abschätzen. „Andere um Rat zu fragen ist das Wichtigste bei einer Existenzgründung", findet Patrick Broome. „Im Studium habe ich schließlich nicht gelernt, wie man ein Unternehmen gründet."

Guter Standort im Uni-Viertel

Auch in Sachen Finanzierung und Rechtsform zögerte Patrick Broome nicht lange. „Nach ein paar kurzen Gesprächen in der Familie habe ich eine GmbH gegründet, die nötige Einlage haben ein paar Verwandte mitfinanziert", erklärt er. „Die GmbH liefert eine gute Absicherung bei Haftungsfällen und wenn man einen Gewerbemietvertrag abschließt." Trotzdem würde er heute einen anderen Weg wählen: „Die GmbH zieht auch einen Rattenschwanz an Verwaltung nach sich. Eine Gesellschaft bürgerlichen Rechts hätte für meine Zwecke eigentlich ausgereicht." Da die GmbH-Auflösung genau wie ihre Gründung Geld kostet, bleibt der Yoga-Lehrer aber erst einmal dabei.

GmbH mit Vor- und Nachteilen

Berühmte Namen nutzen

Den Namen „Jivamukti Yoga Center" übernahm Patrick Broome von seiner New Yorker Ausbildungsstätte. „Die Lehrer dort überlegten, ein Franchise-System anzubieten", berichtet er. „Ich habe ihnen gesagt, dass ich jetzt loslegen musste, und wurde ihr erster Franchise-Nehmer." Für die Lizenz zahlte der ehemalige Schüler eine einmalige Gebühr. Er muss mindestens 70 Prozent Jivamukti-Yoga unterrichten und dafür geeignete Lehrer beschäftigen. Außerdem muss er einmal pro Woche eine kostenlose Meditation anbieten und einige CDs und andere Waren des Franchise-Gebers zum Verkauf anbieten.

Franchise-System vereinbart

„Durch die Bekanntheit des Jivamukti Yoga Centers sind wir viel in die Presse gekommen. Sonst hätte die Neueröffnung niemanden interessiert", meint Patrick Broome. „Meine Lehrer waren zur Eröffnung hier und haben Workshops gegeben." Dazu verfasste der Selbstmarketing-Spezialist Presseankündigungen und verschickte Berichte aus amerikanischen Medien an deutsche Redaktionen. „Madonna, Sting und andere Prominente machen Jivamukti-Yoga. Es zieht kreative, künstlerische Menschen an." Zur Eröffnung lud Patrick Broome Münchener Stars und Sternchen ein und teilte dies den Boulevardzeitungen mit.

Viel Resonanz in den Medien

Das Konzept ging auf: „Innerhalb von zwei oder drei Monaten standen wir in fast jeder Illustrierten. Das Thema Yoga ist gerade ,in', in den Wellness-Rubriken von Frauenzeitschriften genauso wie bei ,Men's Health'. Und was die ,Elle' schreibt, liest auch der Redakteur vom Bayerischen Rundfunk." So wurde seine Schule auch noch vom Bayerischen Rundfunk und von Arte gefilmt. Am wichtigsten ist ihm aber immer noch die persönliche Weiterempfehlung: „Yoga läuft sehr lehrerbezogen ab."

Arbeit von morgens bis nachts

Die Finanzen gehen auf

Die Auslastung der Schule war von Anfang an gut. „Ich habe schon nach sechs Monaten Gewinn gemacht", freut sich Patrick Broome. So konnte er ab der Eröffnung schon die Miete und die freiberuflichen Lehrer bezahlen, die er in den vorigen Jahren in Jivamukti-Yoga ausgebildet hatte. In die Ausstattung seines Centers steckt er immer noch Geld. Er selbst ist als Geschäftsführer angestellt, konnte aber im ersten halben Jahr vom Überbrückungsgeld des Arbeitsamtes leben. Nebenbei unterrichtet er immer noch in anderen Fitness-Studios. „Das ist für mich ein sicheres Einkommen, genauso wie eine ständige Neukundenakquise."

Lange Arbeitstage

Die Arbeitsbelastung ist dementsprechend hoch. „Ich arbeite jeden Tag von halb neun Uhr morgens bis zehn Uhr abends", erzählt der Neu-Unternehmer. Zwischendurch kann er zwar mal einen Kaffee trinken gehen. Aber viel Freizeit ist nicht drin: „Ich gebe jeden Tag zwei oder drei Kurse selbst, auch am Wochenende. Dazwischen kümmere ich mich um Materialeinkauf, Ablage und Verwaltung."

... und viel Verwaltung

Einnahmen und Ausgaben verbucht er selbst, der Steuerberater macht daraus finanzamtsfähige Abrechnungen. „Die Verwaltung nimmt bestimmt 20 bis 30 Stunden pro Woche in Anspruch", schätzt Patrick Broome. Der Laden mit Yoga-Bekleidung, Büchern und CDs ist nur geöffnet, wenn die Kursteilnehmer einchecken. „Weil meine Freundin und ich noch selbst an der Rezeption sitzen, kennen wir auch die Schüler alle mit Namen. Mittelfristig werde ich wohl einen Studenten für die Anmeldung einstellen", überlegt Patrick Broome.

Sein Privatleben hat sich trotz allem kaum verändert: „Ich habe vorher schon so viel gearbeitet. Allerdings kann ich zurzeit höchstens ein paar Tage am Stück weg, wenn ich selbst mal einen Workshop besuchen will. Das ist sehr wichtig, um mich selbst weiterzubilden." In solchen Fällen müssen Freunde die Schule betreuen. „All das geht nur, wenn der Partner mitmacht. Meine Freundin hat Verständnis, weil sie sich auch gerade selbstständig macht und außerdem bei mir Yoga-Kurse gibt." *Unterstützung von Freunden und Partnerin*

Mehr Auslastung – und mehr Freiräume

Insgesamt ist Patrick Broome mit seiner Situation sehr zufrieden. „Ich bin mein eigener Chef. Die viele Arbeit erscheint mir sinnvoll, weil ich mir alles selbst ausgedacht habe", erklärt er. „Natürlich weiß ich nicht, ob morgen noch genauso viele Schüler kommen wie heute. Mit dieser Unsicherheit muss man sich arrangieren." Zurzeit gehe der Trend aber nach oben: „Zu Anfang haben wir ermäßigte Schnupperstunden angeboten. Da sind die Anfängerstunden aus allen Nähten geplatzt, wir mussten sogar Leute nach Hause schicken. Jetzt hoffe ich, dass ein Großteil der Anfänger auch die Fortgeschrittenenstunden besucht." *Der Erfolg motiviert*

Bisher laufen täglich nur drei Kurse, bis zu sieben wären möglich. „Ich möchte noch mehr freiberufliche Lehrer beschäftigen und weniger selbst unterrichten", plant Patrick Broome. „Außerdem würde ich gern den ganzen Verwaltungsapparat loswerden. Es wäre schön, mal wieder einen Tag in der Woche frei zu haben." Seine Wünsche für die Zukunft: „Idealerweise läuft das Ding in drei Jahren supergut, und ich kann es verkaufen. Andere machen die Buchhaltung, ich bin nur noch Teilhaber und unterrichte ein bisschen." Schließlich kann Patrick Broome sich vorstellen, auch noch etwas ganz anderes zu machen – ein Kind großzuziehen zum Beispiel. *„Mal wieder einen Tag frei haben"*

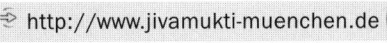 http://www.jivamukti-muenchen.de

Hilfe durch Handel:
Eine Sprachexpertin im Wellness-Laden

Eva von Buch ist Franchise-Partnerin von The Body Shop in Bielefeld.

Auf der Suche nach neuen Möglichkeiten

Ihr erlernter Beruf als Europasekretärin füllte Eva von Buch nicht aus. „Ich wollte mehr lernen und mehr Verantwortung übernehmen." So begann sie Geschichte, Französisch und Spanisch auf Magister zu studieren. „Das hat mich interessiert, allerdings wusste ich nicht genau, was ich später damit anfangen sollte." Als sie schwanger wurde, brach sie das Studium ab und arbeitete nach dem Mutterschutz in einer Anwaltskanzlei. Dann las sie zum ersten Mal etwas über The Body Shop.

Geschäftsidee aus Überzeugung

Attraktives Franchise-Konzept

„Das Konzept von The Body Shop hat mich sofort angesprochen: Hilfe durch fairen Handel, ökologisches Bewusstsein, keine Tierversuche und tolle Produkte. Genau das wollte ich machen." Die Läden mit Pflege-, Wellness- und Geschenkartikeln sind im Franchise-System organisiert: Gegründet von einer Engländerin, gibt es über 100 Body Shops in Deutschland, die von selbstständigen Franchise-Partnern nach den Ideen von The Body Shop geleitet werden.

Startkapital nötig

„1992 habe ich mich bei der deutschen Zentrale in Neuss als Franchise-Partnerin beworben", erinnert sich Eva von Buch. „Damals scheiterte es aber daran, dass ich das notwendige Startkapital nicht aufbringen konnte." So arbeitete sie zunächst in einer PR-Agentur als Assistentin der Geschäftsführung und bekam ein zweites Kind. „Aber ich habe mich immer gewundert, dass es weiterhin keinen Body Shop in Bielefeld gab."

Und plötzlich ging alles ganz schnell: „Ich traf einen Studienkollegen meines Mannes, der schon selbstständig war, aber etwas Neues machen wollte und Geld hatte. Dann haben wir uns gemeinsam beworben und wurden sofort angenommen."

„Arbeit, hinter der ich stehe"

Im Gespräch mit der Zentrale ging es vor allem um Eva von Buchs Motive. „Warum ich das machen wollte? Ich bin absolut überzeugt von dieser Art des Handelns. Ich hatte alle Infos über The Body Shop gesammelt. Es geht mir vor allem darum, eine Arbeit zu machen, hinter der ich stehe und die ich ausfüllen kann. Ich könnte nichts verkaufen, nur weil ich Geld verdienen will, aber ökologische und fair gehandelte Produkte anzubieten, finde ich richtig und wichtig."

Viel Unterstützung vom Franchise-Geber

So fiel Eva von Buch der Einstieg in ihre neuen Aufgaben leicht. *Das Kaufmännische*
„Wir bekamen sehr viel Unterstützung von der Zentrale, zum Bei- *muss man lernen*
spiel wurden wir und unsere Mitarbeiterinnen zu den Produkten
geschult. Ich nehme auch regelmäßig an Verkaufstrainings teil,
das motiviert mich sehr." Das nötige kaufmännische Wissen
brachte ihr Partner mit. „Ich war da relativ blauäugig, habe aber
viel von ihm gelernt. Wenn man will, dass der Laden gut läuft,
muss man sich in Buchhaltung und Controlling einarbeiten."

Auch bei der Suche nach einem geeigneten Ladenlokal wirk- *Laden in bester Lage*
te die Zentrale mit. „The Body Shop hat sehr gute Kontakte zu
regionalen Maklerbüros, über diese haben wir ein Ladenlokal in
bester Lage in Bielefeld gefunden", erzählt Eva von Buch. „Die
Mieten sind dort zwar hoch, aber für uns ist die Laufkundschaft
sehr wichtig." Bei der Innenausstattung halfen drei Mitarbeiterinnen der Body-Shop-Zentrale, um die Wiedererkennbarkeit der
Marke zu sichern. „Wenn man so viel auf einmal beachten
muss, ist man sehr froh über solche Hilfe", findet Eva von Buch.

Natürlich gab es auch Schwierigkeiten. „Ich habe ein Exis-
tenzgründungsdarlehen aufgenommen, das war sehr viel kom-
plizierter Papierkram. Die erste Bank hat mir drei Monate vor Eröffnung abgesagt. Aber die Berater meiner Hausbank waren
sehr kompetent und haben sich für uns eingesetzt."

Die Mühe lohnte sich: Die Eröffnung war ein voller Erfolg: „Die *Viel Kundschaft,*
Leute kamen schon am ersten Tag, um ihre Shampoo-Flaschen *auch mit wenig Werbung*
auffüllen zu lassen", freut sich Eva von Buch. „Wir haben sofort
Umsatz gemacht. Dabei hatten wir kaum Werbung: ein paar An-
kündigungsplakate im Schaufenster und Luftballons am ersten
Tag." Für ihre laufende Werbung bekommt sie Plakate von der
Zentrale. „Ich muss mir darüber keine Gedanken machen, kann
aber vor Ort eigene PR machen, zum Beispiel kleine Anzeigen in
der Stadtillustrierten oder Schminkaktionen auf der Straße."

Arbeit zwischen Laden und Familie

Drei fest angestellte Kundenberaterinnen und mehrere Aushil-
fen arbeiten jetzt bei Eva von Buch. „Ich stehe ebenfalls häufig
im Laden, mein Partner hat sich viel um die Buchhaltung gekümmert." Seit einigen Monaten hat sie auch diese Aufgaben
übernommen und ihrem Partner seinen GmbH-Anteil abgekauft.

Ihr Tag beginnt mit Homebanking, um halb zehn geht sie dann *Täglicher Arbeitsablauf*
in den Laden, bringt das Geld zur Bank und plant mit den Mitarbeiterinnen, was anliegt: eine neue Schaufensterdekoration,
Nachbestellung von Waren oder die Arbeitseinteilung. „Ich bin

tagsüber da, überbrücke zeitlich die Mittagspause der Mitarbeiterinnen", erzählt sie. „Am späten Nachmittag gehe ich nach Hause und mache abends oft noch eine bis zwei Stunden Büroarbeit. Wenn jemand krank wird, springe ich spontan ein."

Kinderbetreuung gut zu organisieren

Ihre Töchter (inzwischen neun und 14 Jahre alt) sind bis zum Nachmittag in der Schule, die weitere Betreuung teilt sie sich mit anderen Eltern. Ihren Urlaub nimmt sie so, dass die Kinder in Abstimmung mit dem Vater immer betreut sind. „Diese freie Zeiteinteilung gefällt mir, die Arbeit ist relativ gut mit der Familie vereinbar", findet Eva von Buch. „Ich arbeite zwar mehr als früher und muss viel selbst im Laden sein. Aber vorher war das Leben stressiger. Als Sekretärin war ich sehr abhängig von meinem Chef. Jetzt setze ich meine Ziele selber und kann mir sogar aussuchen, mit wem ich zusammenarbeite."

Zwar schätzt sie, dass sie mit etwas weniger Aufwand das gleiche Geld verdienen könnte, wenn sie angestellt wäre. „Aber ich zähle die Stunden nicht. Ich sehe, was gemacht werden muss, und mache es. Man sollte das tun, was einen inhaltlich interessiert."

http://www.the-body-shop.de
http://www.the-body-shop.com

Redaktion, PR und Beratung:
Ein Diplom-Journalist im Medienbüro

Kay Schönewerk ist Inhaber der 4iMEDIA Kommunikations- und Medienberatung in Leipzig.

Viel Erfahrung als freier Journalist

Schon immer hat Kay Schönewerk mehr gearbeitet als andere: „Während der Bundeswehrzeit habe ich nebenbei für eine Zeitung geschrieben. Über ein Praktikum beim Radio wurde ich erst freier Rundfunk-Mitarbeiter, dann auch freier Journalist bei der Leipziger Volkszeitung. Dort habe ich auch während meines Studiums – Journalistik und Politikwissenschaften – gearbeitet und mein Volontariat absolviert."

Festen Job ausgeschlagen

Nach dem Diplom ließ die Zeitung ihm die Wahl, ob er einen festen Redakteursjob oder Aufträge als Freier wollte. Nach kurzem Ringen mit sich selbst entschied sich Kay Schönewerk für das eigene Büro. „Wenn die Zeitung mir schon einen festen Job anbietet, nehmen die auch weiter meine Beiträge als Freier", dachte er damals.

Journalistenbüro – Medienberatung – Trainingscenter

Und er konnte weitere Kunden aus dieser Zeit mitnehmen: „Viele Unternehmen hatten mich schon gefragt, ob ich nicht PR-Beiträge für sie unterbringen könnte. Als Zeitungsmitarbeiter kann man so etwas aber nicht machen." Nach sechsmonatiger Vorbereitung gründete Kay Schönewerk daher die 4iMEDIA als Journalistenbüro mit PR-Agentur.

Redaktionelle Dienstleistungen und Public Relations sind allerdings streng getrennt, sowohl räumlich als auch personell. Ansonsten könnte er keiner der beiden Kundengruppen eine seriöse Dienstleistung anbieten. „Meine journalistische Erfahrung hilft mir aber zu beurteilen, ob PR-Aktionen oder Pressemitteilungen für die Redaktion interessant sein könnten", erklärt Kay Schönewerk. „Wenn mir ein PR-Student vorschlägt, einen Tag der offenen Tür zu machen, sage ich ihm, da geht kein Journalist hin – das hat mich selbst schon immer gelangweilt."

Redaktion und PR getrennt

Stattdessen veranstaltet seine Agentur zum Beispiel Reportagetage in Unternehmen. „Da lernen die Journalisten ganz praktisch, was das Unternehmen eigentlich macht – indem sie zum Beispiel selbst mal an der Drehbank stehen." Unternehmen bringt er die Kunst der Öffentlichkeitsarbeit in Seminaren und Trainings nahe.

Neue Ideen für Unternehmen

Flexibel mit freien Mitarbeitern

Redaktionell kann 4iMEDIA alle Fachgebiete abdecken – dank einer Angestellten und neun freien Mitarbeitern. „Bei uns ist ein ständiges Kommen und Gehen. Wenn viel Arbeit da ist, sind viele da, wenn nicht, arbeite ich auch mal allein an einem Projekt", erzählt Kay Schönewerk. Auch seine Räume wachsen und schrumpfen mit der Auftragslage: „Ich arbeite im Technologiepark Leipzig, da kann man innerhalb von ein oder zwei Monaten neue Räume dazunehmen oder wieder abgeben", sagt er. Mit einigen anderen Unternehmen im Technologiepark arbeitet er eng zusammen, zum Beispiel mit einer Druckerei für neue Broschüren oder mit einer Internetagentur für die Ergänzung seiner Website. „Es gibt in Leipzig auch die Mediacity, aber ich wollte extra nicht unter lauter anderen Journalistenbüros sitzen, da kocht man nur im eigenen Saft", meint Kay Schönewerk.

Technologiepark mit vielen Ressourcen

Bei der Organisation des Unternehmens hat ihm seine Diplomarbeit über redaktionelles Management sehr geholfen. „Meine Hauptaufgabe ist eigentlich, dafür zu sorgen, dass die Mitarbeiter gut arbeiten können", sagt er. So beginnt sein Tag um 8.30 Uhr mit der Planung, Bestandsaufnahme und der Arbeitsverteilung an die Freien. Anschließend kümmert er sich gemeinsam mit der Angestellten um Kalkulation und Abrech-

Hauptaufgabe: Redaktionsarbeit managen

nungen. „Und dann geht es schon ans Feuerlöschen – wenn Mitarbeiter mit einem Projekt nicht weiterkommen, wenn es Technik-Probleme gibt oder ein neues Büro eingerichtet werden muss." Auch Kundenbesuche stehen auf dem Programm. Eigene Texte schreibt Kay Schönewerk dagegen nur noch, wenn es eilig ist. „Man muss alles einmal selber gemacht haben, aber dann auch rechtzeitig delegieren können." Sein Arbeitstag endet gegen 22 Uhr.

Investition in die Zukunft

Vom Produktionsstress zum Entwicklungsstress

Viel zu tun gab es seit der Gründung. „Zu Anfang war es vor allem Produktionsstress, wenn Projekte rechtzeitig fertig werden mussten. Jetzt habe ich eher Entwicklungsstress: wenn zum Beispiel die Website neu gestaltet wird, oder wenn ich ein neues Projekt samt Arbeitsplatz zum Laufen bringen muss", sagt Kay Schönewerk. „Aber ich denke, dass man alles schaffen kann, man muss es nur machen und wollen."

Kein Urlaub in drei Jahren

Seine Partnerin unterstützt seine Pläne. „Sie ist ein starker Rückhalt, motiviert mich und gibt mir Freiräume, bremst aber auch mal, wenn es zuviel wird", sagt er. In den drei Jahren seit der Gründung hat er noch keinen Urlaub gemacht. „Am Anfang ist so viel Arbeit ganz normal. Jeder Gewinn fließt sofort wieder ins Unternehmen. Aber ich denke, was ich jetzt investiere, wird sich in einigen Jahren doppelt und dreifach auszahlen. Und falls später ein Kind im Anmarsch ist, könnte ich mich auch mal ausklinken."

Arbeit zahlt sich aus

Als Voraussetzung für den Erfolg sieht Kay Schönewerk nicht so sehr gute Studiennoten als vielmehr das Praxiswissen. „Ich kann jedem nur raten, neben dem Studium schon Arbeitserfahrung zu sammeln. Viele meiner Kommilitonen hatten ein tolles Studentenleben: Sie gingen nach der Vorlesung ein Bier trinken, während ich zur Arbeit musste. Aber dafür durften die nach dem Studium erst mal Praktika machen, während ich gleich ein Unternehmen gründen konnte."

 http://www.4imedia.com

Verstehen, wie verschiedene Branchen ticken: Eine Pädagogin als Trainerin

Christiane Gladen schult Mitarbeiter für Callcenter und Einzelhandelsunternehmen.

Jura, Sport und Pädagogik waren ihre Fächer, Lehren eigentlich ihre Berufung. „Aber ich habe schon im Referendariat gemerkt, dass es nicht mein Ding ist, alle 45 Minuten eine andere Klasse durchzuschleusen", erinnert sich Christiane Gladen. „Deshalb fing ich nach dem zweiten Staatsexamen in einem Callcenter an." Ein halbes Jahr später war sie Leiterin der Qualitätssicherung und konnte wieder lehren: Sie brachte den Agenten bessere Gesprächstechniken bei. Später wurde sie Leiterin der Personalabteilung, anschließend bildete sie Trainer für die internationale Personalentwicklung aus.

Aufstieg im Callcenter

Berufserfahrung als Basis

Schon damals spielte Christiane Gladen mit dem Gedanken, sich selbstständig zu machen. „Vier Jahre Erfahrung fand ich aber zu wenig. Ich wollte erst verstehen, wie andere Branchen funktionieren", erinnert sie. Sie ließ sich von einem Einzelhandelsunternehmen Bonita abwerben und baute dort als Leiterin die interne Akademie auf. „Der Einzelhandel tickt ganz anders als Callcenter", merkte sie dort. „Dass ich mich in zwei verschiedenen Branchen auskenne, gibt mir heute eine bessere Grundlage."

... und Zusatzerfahrung im Einzelhandel

Ursprünglich wollte Christiane Gladen ihren Job in Teilzeit weitermachen und parallel dazu ihre Selbstständigkeit aufbauen. „Die Geschäftsführung beschloss dann aber, die ganze Akademie zu schließen und bot mir einen Anschlussauftrag als Beraterin an." Die Situation – am Beginn einer Rezession – war allerdings nicht einfach. „Viele sagen, es dauere drei Jahre, bis sich ein Unternehmen trägt", berichtet Christiane Gladen. „In meinem Fall könnten es noch mehr werden. Wenn mein Mann kein sicheres Einkommen hätte, hätte ich das nicht gemacht."

Start in schwierigen Zeiten

Dennoch zog Christiane Gladen ihren Plan durch. „Ich hatte schon einige Jahre lang Ideen gesammelt und in Ordnern sortiert", berichtet sie. „Dabei war mir immer klarer geworden, dass Training und Beratung mein Ding ist. Man sollte sich unbedingt mit seiner Kernkompetenz selbstständig machen, nicht mit irgendeiner Idee, bloß weil man dafür Überbrückungsgeld bekommt." Über rechtliche und finanzielle Fragen informierte sie sich aus Büchern und Webseiten, über Ministerien und ein be-

Training und Beratung als Kernkompetenz

rufsbegleitendes Studium. „Ich bin jetzt Freiberuflerin, muss also keine Gewerbesteuer zahlen und zunächst nur eine Einnahmen-Ausgaben-Rechnung machen."

Viel Aufwand für Akquise

Vorhandene Kontakte nutzen

Christiane Gladen bietet Trainings für Mitarbeiter in Callcentern und Einzelhandelsunternehmen an. „Dafür habe ich durch meine Berufserfahrung gute Kontakte", sagt sie. Dennoch nimmt die Akquise den größten Teil ihrer Zeit ein. „Mein Ziel ist es, drei Tage im Monat zu einem guten Tagessatz zu arbeiten. Dafür muss man aber 100 Anrufe machen. Ich könnte im Prinzip sechs bis acht Stunden am Tag telefonieren."

Über Bildungsträger bekannt werden

Für dieses Jahr hat sie schon 75 Trainingstage vereinbart, allerdings im Rahmen von IHK-Lehrgängen und für andere Bildungsträger. „So bringe ich meinen Namen in den Markt und arbeite meine Themen richtig aus", sagt sie. „Finanziell reichen diese Seminare allerdings nicht aus. Ich möchte darüber hinaus Kontakt zu Unternehmen aufbauen, für die ich dann Inhouse-Seminare anbieten kann."

Viel Zeitaufwand für Gespräche

Vom ersten Kontakt bis zur Zahlung einer Rechnung kann es ihrer Einschätzung nach ein Jahr dauern. „Ich habe mir eine Vertriebstabelle in Excel aufgebaut, in der ich festhalte, wen ich wann anrufen muss und was ich mit ihm schon besprochen habe", erzählt sie. Viel Zeit geht auch für die inhaltliche Vorbereitung von Gesprächsterminen, für den Erfahrungsaustausch oder für Messebesuche drauf.

Eigenmotivation und Erfahrungsaustausch

Um sich zu ermutigen, schreibt Christiane Gladen ihre Erfolge auf einen Flipchart. Außerdem hat sie sich mit anderen Selbstständigen zu einem „Trainerquartett" zusammengetan, in dem jeder über seine Erfahrungen berichtet. „Diese Gespräche haben mich darin bestätigt, dass mein Produkt gut ist, aber dass ich das dem Kunden noch deutlicher machen muss", sagt sie. „Deshalb biete ich jetzt auch Kurztrainings an, die den Kunden von meinem Konzept überzeugen sollen."

Arbeiten im eigenen Rhythmus

Jeder Tag ist anders

Privaten Rückhalt findet Christiane Gladen sehr wichtig. „Da ich auch abends gern am PC sitze, ist es wichtig, dass auch mein Partner den Job als ein Stück Lebensinhalt begreift", sagt sie. Nur im Urlaub haben sie vereinbart, nicht über die Arbeit zu sprechen. „Im Moment arbeite ich nicht mehr als vorher", schätzt sie. „Der Arbeitstag kann ganz unterschiedlich sein, mal arbeite ich ab sieben Uhr morgens, mal nehme ich mir den Vormittag frei zum Einkaufen. Ich finde es eine Lebenszeitverschwendung, dass viele Angestellte ihre Zeit nur absitzen."

Die Selbstbestimmtheit hat aber auch ihre Schattenseiten: „Unsicherheit muss man schon aushalten. In manchen Monaten verdient man auch mal gar nichts. Da wird man sparsam und dreht das Papier noch einmal um." Durch das Überbrückungsgeld vom Arbeitsamt konnte Christiane Gladen ihre laufenden Ausgaben aber finanzieren.

Unsicherheit aushalten

Neben Motivation und Durchhaltevermögen sieht Christiane Gladen die Fachkenntnisse als wichtigste Voraussetzung für die Selbstständigkeit. „Das Referendariat war die beste Grundlage für meine Trainingsarbeit", sagt sie. „Manche selbst ernannten Trainer beherrschen das Handwerkszeug überhaupt nicht." Auch Branchenkenntnis ist unerlässlich: „Man braucht einen professionellen Anspruch an sein Produkt und muss wissen, wo man im Markt steht."

Pädagogisches Handwerkszeug beherrschen

Ihr Endziel ist, dass die Kunden von selbst bei ihr anrufen. „So wie Lothar J. Seiwert für Zeitmanagement steht, möchte ich mit den Themen Callcenter-Führungskräfte-Einzelhandel assoziiert werden."

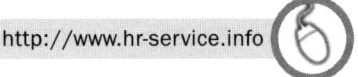 http://www.hr-service.info

Nützliche Adressen

Links und Adressen weiterer Verbände finden Sie unter http://www.verbaende.com; *Verbände, Vereine, Organisationen und Non-Profit-Unternehmen unter* http://www.verbandsforum.de.

Berufsverband Deutscher Psychologinnen und Psychologen
Glinkastraße 5–7
10117 Berlin
Telefon: 030 209149-61
Telefax: 030 209149-66
E-Mail: info@bdp-verband.org
http://www.bdp-verband.org

Berufsverband Deutscher Soziologinnen und Soziologen e.V.
Lohweg 45
45665 Recklinghausen
Telefon: 02361 492-839
Telefax: 02361 492-546
E-Mail: geschaeftsstelle@bds-soz.de
http://www.bds-soz.de

Bund deutscher Schriftsteller
Römerstraße 2
63128 Dietzenbach
Telefon: 06074 47566
Telefax: 06074 47540
E-Mail: info@schriftsteller-verband.de
http://www.schriftsteller-verband.de

Bundesverband der Freien Berufe
Reinhardtstraße 34
10117 Berlin
Telefon: 030 284444-0
Telefax: 030 284444-40
E-Mail: info-bfb@freie-berufe.de
http://www.freie-berufe.de

Bundesverband der Diplom-Pädagoginnen und Diplom-Pädagogen e.V.
Braunschweiger Straße 22
44145 Dortmund
Telefon: 0231 847963-18
Telefax: 0231 897963-19
E-Mail: info@bv-paed.de
http://www.bv-paed.de

Bundesverband der Dolmetscher und Übersetzer
Kurfürstendamm 170
10707 Berlin
Telefon: 030 887128-30
Telefax: 030 887128-40
E-Mail: bgs@bdue.de
http://www.bdue.de

Bundesverband Junger Unternehmer der ASU e.V.
Reichsstraße 17
14052 Berlin
Telefon: 030 30065-0
Telefax: 030 30065-490
E-Mail: info@bju.de
http://www.bju.de

Deutsche Public Relations Gesellschaft e.V.
St. Augustiner Straße 21
53227 Bonn
Telefon: 0228 97392-87
Telefax: 0228 97392-89
E-Mail: info@dprg.de
http://www.dprg.de

**Deutscher Berufsverband
für Soziale Arbeit e.V.**
Geschäftsstelle
Friedrich-Ebert-Straße 30
45127 Essen
Telefon: 0201 82078-0
Telefax: 0201 82078-40
E-Mail: info@dbsh.de
http://www.dbsh.de

Deutscher Industrie- und Handelskammertag
InfoCenter
Breite Straße 29
10178 Berlin
Hotline: 030 20308-1619
Telefax: 030 20308-1616
E-Mail: infocenter@berlin.dihk.de
http://www.dihk.de

Deutscher Journalisten-Verband
Bennauerstraße 60
53115 Bonn
Telefon: 0228 20172-0
Telefax: 0228 20172-33
E-Mail: djv@djv.de
http://www.djv.de

Deutscher Psychotherapeutenverband
Am Karlsbad 15
10785 Berlin
Telefon: 030 235009-0
Telefax: 030 235009-44
E-Mail: dptvbgst@aol.com
http://www.dptv.de

Fachverband Freier Werbetexter
Tannenstraße 33
72237 Freudenstadt
Telefon: 07441 844-01
Telefax: 07441 844-05
E-Mail: werbetexter.ffw@t-online.de
http://www.werbetexter.com

**FreeLens
Verein der Fotojournalistinnen und Foto-
journalisten e.V.**
Markusstraße 9
20355 Hamburg
Telefon: 040 340022
Telefax: 040 344022
E-Mail: post@freelens.com
http://www.freelens.com

Gewerkschaft Erziehung und Wissenschaft
Reifenberger Straße 21
60489 Frankfurt
Telefon: 069 78973-0
Telefax: 069 78973-202
E-Mail: info@gew.de
http://www.gew.de

**Institut für Freie Berufe
Friedrich-Alexander-Universität Erlangen-
Nürnberg**
Abteilung Gründungsberatung
Marienstraße 2
90402 Nürnberg
Telefon: 0911 23565-0
Telefax: 0911 23565-52
E-Mail: info@ifb.uni-erlangen.de
http://www.ifb-gruendung.de

Mediafon
Werfmershalde 1
70190 Stuttgart
Hotline: 0180 5 754444 (12 Cent/Minute)
E-Mail: info@mediafon.net
http://www.mediafon.net

Verband der Freien Lektorinnen und Lektoren
Oberes Tor 3
63916 Amorbach
Telefon: 09373 980254
Telefax: 09373 980255
E-Mail: vorstand@vfll.de
http://www.lektoren.de

Verband Deutscher Theologinnen und Theologen
Erste Vorsitzende:
Heide Kamplade-Grünefeld
Auf der Hufe 23
33613 Bielefeld
Telefon: 0521 5225496
E-mail: Kamplade@VDTnet.de
http://www.vdtnet.de

ver.di Bundesvorstand
Potsdamer Platz 10
10785 Berlin
Telefon: 030 6956-0
Telefax: 030 6956-3141
E-Mail: info@verdi.de
http://www.verdi.de

Zentralverband der Deutschen Werbewirtschaft
Am Weidendamm 1a
10117 Berlin
Telefon: 030 590099-200
Telefax: 030 590099-222
E-Mail: zaw@zaw.de
http://www.zaw.de

Letzte Änderungen:
Gewerbesteuer auch für Freiberufler?

Eine Reform der Gewerbesteuer war schon länger im Gespräch. Im August 2003 beschloss die Bundesregierung nun einen Gesetzesentwurf zur Reform der Gemeindefinanzen, der auf Freiberufler einigen Einfluss hat – wenn das Gesetz so verabschiedet wird.

Die Gewerbesteuer soll künftig Gemeindewirtschaftssteuer heißen, weil sie nicht mehr nur für Gewerbetreibende gilt, sondern auch für Freiberufler (die Unterschiede stehen auf Seite 9). Freiberufler sind auch weiterhin keine Gewerbetreibenden, müssen also beispielsweise keine doppelte Buchführung machen!

Die wichtigsten Auswirkungen auf Selbstständige:

Auch Freiberufler sollen ab 2004 die neue Gemeindewirtschaftssteuer zahlen, wenn sie mindestens 25.000 Euro Gewinn im Jahr machen.

Dafür darf man 11,4 Prozent seines Gewinns von der Einkommensteuer abziehen. (Früher durften Gewerbetreibende die Gewerbesteuer als Betriebsausgabe absetzen; diese Möglichkeit entfällt nun.)

Die Berechnung erfolgt gleichzeitig mit der Einkommensteuer.

Wie viel muss ich zahlen?

Das hängt neben dem Einkommen auch vom Hebesatz der Gemeinde ab (bei der Gemeindeverwaltung nachfragen). Bei einem Hebesatz bis 380 gibt es de facto keine Mehrbelastung, da die zu zahlende Gemeindewirtschaftssteuer von der Ersparnis auf die Einkommensteuer aufgefangen wird. Städte wie München oder Frankfurt haben allerdings einen Hebesatz von 490. Wer in einer solchen Stadt 50.000 Euro Gewinn macht, hat eine Mehrbelastung von 1.650 Euro; bei einem Gewinn von 30.000 Euro sind es nur 330 Euro.

Aktuelle Informationen zum Stand des Gesetzes finden Sie beispielsweise unter http://www.mediafon.net. Dort können Sie gegebenenfalls auch einen „Gewerbesteuerrechner" nutzen, um Ihre persönliche Mehrbelastung abzuschätzen, und die Hebesätze von Gemeinden ab 50.000 Einwohnern nachlesen.